数字化环境

——今天我们怎样生活、学习、工作和娱乐

THE DIGITAL ENVIRONMENT

How We Live, Learn, Work, and Play Now

[美] 巴勃罗·博奇科夫斯基（Pablo J. Boczkowski）
尤金妮亚·米基尔斯坦（Eugenia Mitchelstein） 著
张大勇 李明君 王祥玉 译

中国科学技术出版社
·北 京·

图书在版编目（CIP）数据

数字化环境：今天我们怎样生活、学习、工作和娱乐 /（美）巴勃罗·博奇科夫斯基,（美）尤金妮亚·米基尔斯坦著；张大勇，李明君，王祥玉译. -- 北京：中国科学技术出版社，2023.12

书名原文：The Digital Environment— How We Live, Learn, Work, and Play Now

ISBN 978-7-5236-0346-8

Ⅰ. ①数… Ⅱ. ①巴… ②尤… ③张… ④李… ⑤王…
Ⅲ. ①数字技术 - 研究 Ⅳ. ① TP3

中国国家版本馆 CIP 数据核字（2023）第 219987 号

著作权合同登记号：01-2022-5468

策划编辑 王晓义
责任编辑 付晓鑫
封面设计 郑子玥
正文设计 中文天地
责任校对 吕传新
责任印制 徐　飞

出　　版 中国科学技术出版社
发　　行 中国科学技术出版社有限公司发行部
地　　址 北京市海淀区中关村南大街 16 号
邮　　编 100081
发行电话 010-62173865
传　　真 010-62173081
网　　址 http://www.cspbooks.com.cn

开　　本 720mm × 1000mm　1/16
字　　数 190 千字
印　　张 10
版　　次 2023 年 12 月第 1 版
印　　次 2023 年 12 月第 1 次印刷
印　　刷 河北鑫兆源印刷有限公司
书　　号 ISBN 978-7-5236-0346-8 / TP · 463
定　　价 69.00 元

（凡购买本社图书，如有缺页、倒页、脱页者，本社发行部负责调换）

前　　言

本书源于我们在 2018 年 3 月到 2020 年 6 月为著名的西班牙语新闻网站——《经济日报》（*Infobae*）——所撰写的一系列专栏文章。我们的初衷是对学者进行访谈，探讨日常生活中与技术相关的问题。相关学者所研究的问题包括：人们如何使用数字媒体工作、学习、运动、投票、社交、获取新闻和娱乐资讯等。但我们在撰写专栏文章期间发现了令人惊讶的问题，尤其是数字媒体应用中，诸如，电子游戏是否会诱发暴力行为、工作中采用即时通信是否会弱化等级观念、社交媒体中虚假信息的泛滥是否会影响选举的公正性，等等，这些显然没有全面地展示该类问题。当今社会，数字技术不断发展，渗透并塑造了日常生活的方方面面，已经成为一种环境，而不是一系列孤立存在的技术。诚然，在对学者访谈中探讨特定技术所产生的具体效应，虽然有利于丰富我们的知识，但是过于关注特定技术，可能会导致"一叶障目"的风险。因此，本书采用全新的视角来解读数字化环境，诠释它在日常生活的方方面面中所发挥的作用，进而剖析对文化、社会、政治的影响。

本书的各章精选了部分专栏文章，并进行了调整、扩充和翻译。每章的主题都是一个与日常生活相关的技术话题。我们所选择的话题旨在呈现各个层面的社会生活的多样性的观点，但无意自诩能够做出全面的解读。此外，针对每章的主题，我们对近期出版过相关书籍、发表过相关文章的同仁进行了访谈，以确保内容兼顾多种研

究角度和文化身份。我们在广泛的、一致的框架内探讨这种多样性，并将任何值得尊重的异议转化为引人深思的话题，而非尚待解决的矛盾。本书取材于 15 个学科的 60 位学者的访谈记录。不过，本书所涵盖的话题和角度仍然有限，望诸位读者见谅。

我们广泛地引述了对诸位同仁的访谈，目的并非是转述他们的观点，而是让他们的声音得到充分表达。正如专栏的一位读者在推特中所说的，我们旨在为话题提供“多元化”的声音。因此，我们在撰写过程中采用报告和分析相结合的方法：通过一系列访谈问题引出诸位同仁的评论，然后将多方面的看法整合为一个条理清晰的叙述。

毫无疑问，本书受到了我们来自南半球这一身份的影响。经历过 20 世纪末到 21 世纪初的动荡期，我们在思想和政治上变得成熟。那时，我们的祖国阿根廷摆脱了惨无人道、血腥的独裁政权，迎来了民主的春天。这是半个世纪以来世界上最有影响力的恢复司法范例之一。过去，我们见证过国家主导的审查制度、压迫手段以及为了生存目的而进行的自我审查的禁锢；如今，由于该地区人权运动的发展，个人和社会都受惠于民主与法治。这一历程深刻地影响了我们的观点，即知识工作在社会生活中发挥何种作用。因此，本书以兼容并蓄的方式着力展示各种不同的视角，避免弱化多样性。此外，民主并没有解决拉丁美洲长期存在的贫困和不平等问题。因此，辨识这些问题在数字化环境中所呈现的方式也是本书论述的重点。基于这样的历史时空背景，我们的立场奠定了本书的基调。最后，本书的出版离不开众多学者的慷慨贡献。在刊载他们的研究成果的同时，本书谨向参与此次难忘的创作之旅的学者和众多学术界同仁表示诚挚的敬意！

目　录

CONTENTS

1 三种环境，一种生活

2020 年年初，全世界都经历了一场前所未有的病毒大爆发。为遏制疫情，人们采取了许多诸如封城、居家隔离等措施，生活的重心也从街道转移到了屏幕。生活仍将继续，只是轨迹不同而已。

生活方式的这一转变所波及的范围和程度是史之罕见的。学校、工作场所、运动场所、表演艺术场所、舞厅、礼拜场所、零售商店、购物中心、体育馆和健身房以及其他类型的场所，都空无一人。此外，购物和就医等方式也发生了巨大的变化。那些可以负担得起，抑或工作允许，或者两者兼而有之的人们掀起了一股逃离市区空间的浪潮，将精力转而用在了网上：在网上从事学习、工作、娱乐、祈祷、锻炼、社交和约会等活动。此外，人们也更频繁地网上购物和在线诊疗，甚至在线欢迎家庭新成员和向至亲做临终告别。生活始于屏幕，终于屏幕。虽然大多数时候是虚拟的，但偶尔也的确如此。

尽管这一转变过程波及的规模和范围非比寻常，但并非完全没有预兆。恰恰相反，在过去的几十年中，媒体、信息和通信技术实现了创新，在 21 世纪初又突飞猛进地发展，日常生活也得以稳步向数字化发展；这正是实现转变的基础。而且事实上，相当多的人已经习惯通过短信和社交媒体与朋友家人交流、线上工作和学习、阅读数字

化新闻、在线看电影、使用交友应用程序交友约会，以及网购等。因此，从街道转向屏幕，虽然转变很大，又很突然，但效果却很好。

我们认为，新冠病毒感染疫情暴发后，当代社会大多数人在自然、城市和数字化三种环境方面出现了明显的不断变化的趋势。前两种环境存在已久，但第三种环境却是新生事物，而且发展势头迅猛。因此，我们编写了《数字化环境：今天我们怎样生活、学习、工作和娱乐》一书，提出一种简单而独特的方式来解读数字化环境在重要社会生活层面的主要表现状态。为此，该书引用了一些前沿学者的研究成果。尽管他们是从多维角度对此进行研究的，且研究计划也迥然不同，但关键的共同线索却是突出的。

这三种环境息息相关，正如我们看到，激进派在街头和网上举行对抗全球变暖的抗议活动。此外，正是由于自然环境的发展（例如，一种新型病毒的出现），让在城市环境里原本正常的社会生活模式变得危及生命，有适当资源和合适工作的人也需要寻找数字化的社交方式。尽管设想不符合事实的情景总是很棘手，但试想一下，如果同样的疫情在半个世纪前发生，社会生活将会如何。当时，大多数城市家庭都有固定电话、电视机和收音机，有少量的频道和电台。社会生活不会完全停止，十分可能的是大幅度放缓，范围也会缩小。

这种不符合事实的情景同样是指自然、城市和数字化环境随着时间的流逝而演化的模式。在几十万年的期间，人类过着游牧的生活。他们以狩猎、捕鱼和觅食为生，享受自然环境的馈赠，也受其制约。那一时期的日常生活受到降雨、干旱，酷热和严寒等因素的决定性影响。大约一万年前，人类开始发展农业，逐渐形成一种更宜定居的生活方式。村庄、城镇得到发展，后来，城市也发展起来，因此越来越多的人在日常生活上开始依赖城市环境的动态变化。此后，城市的设计和发展越来越多地影响着一系列问题，也受制于这些问题，包括商业、教育、犯罪、休闲、贫困和种族关系等。

然而，部分原因是数字化环境的历史比自然环境和城市环境短得多。媒体、信息和通信技术已经存在了很长时间。但到 20 世纪中叶，随着不同技术的发展和演变，出现了两种主要的发展趋势。一方面是一对一的方式，如邮政服务、电报和电话。另一方面是所谓大众媒体提供的一对多的形式，如书籍、报纸、电影，以及收音机、电视和广播。此外，在基础设施和操作方面，不同的技术在很大程度上是彼此独立的，更重要的是就现在的技术使用方式和个人体验而言，情况也是如此。然而，在 20 世纪中期，由于技术和文化的创新，几十年后的社会生活都发生了深刻变化。

现代计算机从 20 世纪上半叶的大型专业工具［以流行文化中发明为代表，例如 2014 年电影《模仿游戏》中呈现的艾伦·图灵（Alan Turing）的恩尼格玛机］发展成了世界各地数十亿人每天放在口袋里的微型多功能智能手机。1945 年，《大西洋月刊》（*Atlantic Monthly*）发表了《正如我们所想》（*As We May Think*）一文，这是计算机发展史上颇具影响力的文章之一，作者是时任美国科学研究与发展办公室（United States Office of Scientific Research and Development）主任万内瓦尔·布什（Vannevar Bush）。布什在文中介绍了 Memex（麦克斯存储器）。该设备允许任何个人访问或创建自己个人图书馆。该图书馆能够不断更新，并且知识项是相互关联的。当时对未来的展望，后来在维基百科（Wikipedia）等数亿人经常使用的在线资源中得以实现。

布什撰写这篇文章之时适逢媒体技术演变正开始发生重大文化变革。斯坦福大学教授弗雷德·特纳（Fred Turner）在《民主环境：从第二次世界大战到迷幻的 60 年代的多媒体与美国自由主义》（*The Democratic Surround: Multimedia and American Liberalism from World*

War II to the Psychedelic Sixties）中认为，20 世纪中期，一群知识分子和艺术家关注一对多的大众媒体的独裁潜力，设想了替代性的多媒体系统，形成以用户为中心的环境，能够增加用户的民主体验。这种“民主环境”首次体现在 20 世纪 50 年代的博物馆展览中，20 世纪 60 年代和 70 年代的反主流文化将之进行重构，20 世纪 80 年代和 90 年代出现的第一个虚拟社区又将之进一步改造，最后在 21 世纪初的社交媒体平台的设计中得以体现。尽管这一环境的概念有各种变化和差异，但却存在着一个多对多通信的共同线索，这得益于几乎无处不在的便携式设备实现了网络化，且价格优惠，因此现有的计算能力实现了巨大的飞跃。

数字化环境是在计算机技术发展和通讯领域的文化变革彼此交叉影响中出现的，因此，不但出现了数字化环境，而且也有必要融合社会生活中的一对一、一对多和多对多的信息流。该环境有四个关键特征：整体性、二元性、矛盾性和不确定性。

数字化环境的四个特征

整体性这一概念是指，尽管数字化环境是由独立的产品所构成的——从移动设备到服务器群，从社交媒体平台到检索算法——但是，大多数用户在体验数字化环境时仍然将之视为一种关联技术和社交的兼容系统，而技术和社交已经直接或间接地几乎渗透到了日常生活的方方面面。许多人常常早上刚醒几分钟便查阅智能手机，晚上在大众媒体上刷最喜欢的节目直到入睡。在他们白天的生活里，使用数字技术完成各种工作、学习、休闲和社交等。他们常常在一些系列设备上无缝衔接地登录或退出各种应用程序，使用各种技术，最终形成一个整体的体验。然而，以前的技术并不总是如此。伦敦政治经济学院（London School of Economics and Political Science）和不来梅大学（University of Bremen）的教授尼克·库尔德（Nick Couldry）和安德烈·赫普（Andreas Hepp）分别在《现实的媒体建构》（*Mediated Construction of Reality*）一书中指出，形成这种整体性的部分原因是媒体化进程的深化，数字媒体与机械和电子媒体分离开来——在机械和电子媒体两个领域，读报、发电报、看电视、甚至使用文字处理器都是独立完成的任务。

形成这种整体性的部分原因是因为数字化环境不仅包括新颖的数字化选项，还包括传统的媒体形式和逻辑，并进行整合；整合过程类似于乔治亚理工学院（Georgia Institute of Technology）教授杰伊·博尔特（Jay Bolter）和威斯康星大学密尔沃基分校（University of Wisconsin at Milwaukee）理查德·格鲁辛（Richard Grusin）在关于理解新媒体的书中所称的"再媒体化"。智能手机或许是这一过程的典例和象征。我们用智能手机写信息、阅读新闻、看娱乐节目、听播客、玩游戏、完成工作、参与学校活动、和亲朋好友语音、短信和视频交流。然而，以上这些操作并不是从零开始的，这是与我们过去写信、发电报、阅读纸质报纸、看电视节目、听收音机、玩棋盘游戏，学习工作中使用笔、纸、计算器及其他工具以及用固定电话与人联系等方式是相关的。

二元性的概念表明，数字化环境和城市环境一样，是社会中构建而成并且在日常生活中得到维护的，但人们通常认为数字化环境是一个独立的实体，其设计和实施的后果超出了普通人的控制。彼得·伯格（Peter Berger）和托马斯·卢克曼（Thomas Luckmann）在其经典著作《论知识社会学：现实的社会学建构》（*The Social Construction of Reality: A Treatise in the Sociology of Knowledge*）中指出，由于个人和群体的行为相互影响、相互调整，衍生出常规和惯

例。然而，一旦这些常规和惯例制度化并传递给下一代，就会被视为下一代的外部因素，因而能够在某种程度上自动对下一代产生影响。同样地，数字化环境是动态发展的，为社会所构建的，而且总是不断成型。构成数字化环境的设备和应用程序既非从天而降，也并非破土而出，而是人类智慧和劳动的结晶。在过去的 25 年里，不断的创新和不停的变革似乎进一步加强了数字化环境为社会所构建这一特征的中心地位。然而，正如普林斯顿大学教授鲁哈·本杰明（Ruha Benjamin）在论述种族和民族问题的《科技之后的种族：新吉姆法典的废奴主义工具》（*Race after Technology: Abolitionist Tools for the New Jim Code*）一书中所指出的，根据大多数人在大多数时间里对数字化环境的体验，数字化环境是一套具有一定约束力的技术，这种约束对社会生活具有特殊影响，而人们又无法摆脱，这往往会强化长期存在的不平等模式。

这是因为任何个人和群体都不是脱离社会去建构数字化环境，而是从由性别、种族、民族、年龄、社会阶层和教育等因素形成的现有社会结构中建构的。这些因素通常被整合到所构建的技术中，并会影响到对目标用户所做的技术设计和设想。正如加州大学洛杉矶分校的教授萨菲娅·尤明加·诺布尔（Safiya Umoja Noble）在《压迫算法：搜索引擎如何强化种族主义》（*Algorithms of Oppression: How Search Engines Reinforce Racism*）一书中所阐述的，以搜索引擎算法为例，历史上搜索引擎为用户提供的结果都是受到种族、民族和性别歧视等因素影响的。但是，这些技术的制造者和用户都有能力抵制这种设计，都可以对其进行创造性地调整，必要时也可以重新设计制造。正如麦吉尔大学教授加布里埃拉·科尔曼（Gabriella Coleman）在《编码自由：黑客行为的伦理和美学》（*Coding Freedom: the Ethics and Aesthetics of Hacking*）一书中所论述的，黑客有足够能力证明这一点。伦敦政治经济学院名誉教授安东尼·吉登斯（Anthony Giddens）指出，事物的结构不断形成，又不断地抵消，二者彼此相互影响，这是现代社会的一个主要方面，也是数字化环境最基本的动态机制。

此外，这些动态特征与数字化环境的第三个特征有关，即矛盾的中心性。数字化环境通常是由个人和群体为促进其利益的具体事项而设定，但这可能和使用数字化环境的其他个人或群体是不同的，甚至是对立的，因此，不可避免地会产生冲突。但是，数字化环境中存在冲突或者冲突加剧，这并不意味着是社会生活中的不变的特征——恰恰相反，不同社区、社会和时期之间是普遍存在着差异的。这意味着不是要根除矛盾，而是要接受矛盾。这就是为什么我们看到许多领域是相互矛盾的，有时又相互重叠的，例如网络的中立性、数据管理、隐私和知识产权、算法透明性和问责制等。

城市环境中的矛盾冲突亦是如此，但数字化环境有两个特性，使其特别易于发生冲突，又能加剧冲突。首先，数字化环境是在赢家通吃的市场中建立起来的。乔治·华盛顿大学教授马修·辛德曼（Matthew Hindman）在《互联网陷阱：数字经济如何建立垄断和破坏民主》（*The Internet Trap: How the Digital Economy Builds Monopolies and Undermines Democracy*）一书中指出，数字市场是高度集中的。尽管有数以亿计的网站和应用程序可用，但是随着时间的推移，用户的注意力会集中到每个单一内容类别的少数赢家上。譬如，我们在亚马逊购物，在谷歌上搜索，在脸书（Facebook）、照片墙（Instagram）和推特（Twitter）上社交，在油管（YouTube）上看视频，以及在 WhatsApp 和 Messenger 上发信息，等等。而且，数字化环境中的公众话语倾向于强化已有的立场。哈佛大学的尤查·本科勒（Yochai Benkler）教授在与他人合著的《网络宣

传：美国政治中的操纵、虚假信息和激进化》（*Network Propaganda: Manipulation, Disinformation, and Radicalization in American Politics*）一书中将其称为“非对称极化”：一部分社会生活衍生出与其他部分截然不同的理解。人们的注意力越集中，就越有可能对胜出者产生愤恨；观点越激进，社会中的争论就越有可能激烈。

这些变化的力量与第四个特性有关，即不确定性。数字化环境对社会的未来可能会造成不利的影响。近年来，学者和评论人士已经对此表示担忧，如破坏民主的假新闻、诱导选举的社交媒体、威胁隐私的数据化、大幅度削减劳动力规模的自动化。尽管这些担忧不同，但却有一个共同点：确定无疑的是，采用具体的创新产品会带来社会后果。然而，由于数字化环境具有二元性和矛盾性，因此，制造、分配、使用和监管新技术的机构，以及相关个人和群体的利益纷争所不可避免地引发的争议，这些因素使社会后果存在很大的不确定性。这也正是数字化环境中使用或创建任何一个新事物都存在不确定性的原因所在。但这并不意味着所有选项具有相同的可能性，有些可能性会更大。但是，任何道路都是不可预设的，总是取决于当地发生的通常不可预见的偶发事件。此外，与目前普遍的看法不同，拉夫堡大学教授安德鲁·查德威克（Andrew Chadwick）在《混合媒体系统中的政治与权力》（*The Hybrid Media System: Politics and Power*）一书中写道：“当代社会的普通公民对公众话语的影响力比报纸和广播媒体占据主导地位的 20 世纪更大。”因此，政治交流变得更加分散和复杂，这也进一步强化了不确定性。

概论

第 2 章到第 18 章的每一章都论述了社会生活中数字化环境的一

个突出主题或方面。这分为五个部分（基础要件、制度、休闲、政治和创新），每个部分包含三到四个章节。最后一章是结论。

有关基础要件的章节集中论述因社会实践和业已存在的社会结构之间的相互影响而形成的一些关键构成要素：媒体化、算法、种族、民族、性别。第 2 章考查了拓展和深化社会生活中媒介化部分的动态过程问题，而信息量和复杂性增加的部分原因正是由于这一过程导致的。第 3 章讨论了算法在管理该类增长中所发挥的作用。这展示了不平等模式如何塑造算法的社会建构、配置和使用的方式。在当代社会中，种族、民族和性别是高度重要的不平等维度——与阶级问题相互交织。第 4 章讨论了种族和民族压迫是如何长期嵌入到数字化环境的基础结构中的，而且强调了一些个人和组织所采取的解放性行动。第 5 章指出，性别歧视一直是数字化环境的组成部分，但该领域内的性别歧视也出现了转变。

之后的部分集中论述社会生活中最普遍的四种制度化行为模式：育儿、教育、工作和恋爱。第 6 章探讨了家长在子女获取和使用数字化环境工具方面所面临的挑战和机遇。第 7 章展望在这些机遇与挑战中的一个尤为突出的领域：教育。第 7 章指出，先前存在的不平等模式以及对学习的保守态度在塑造教育实践中发挥着关键作用。第 8 章强调了工作数字化过程中所出现的连续性和非连续性模式，以及在自动化进程中人所发挥的持久性作用——即使在人工智能前沿领域也是如此。第 9 章考查了恋爱问题，探讨了在寻找伴侣以及建立、维持和结束恋爱关系时如何采纳数字工具。

有关休闲的部分陈述了职业体育、电视娱乐和时事新闻方面的数字化知识。第 10 章深入探讨了将数字技术融入三个关键的职业体育要素的问题：一项运动的训练、执裁和交流。第 11 章的主要内容是电视娱乐。该章阐述了电视由于数字创新技术而在制作、分配和

传播等方式上焕发了新的活力，因此电视作为一种媒体和实践继续存在。第 12 章着眼于新闻。该章突出论述了在数字新闻的发展中，技术和编辑的变革、经济和政治挑战等两方面反复出现的紧张关系。

有关政治的部分论述了错误信息和虚假信息、选举活动以及社会运动的动态。第 13 章阐述了错误信息和虚假信息的增加、在不同国家中的主要差异，以及缺乏对选举行为产生直接影响的确凿证据等问题。第 14 章阐述了政治运动的数字化问题。该章指出，由于政党几十年来对技术的投资，政治运动愈发集中，这对从登记选民到战略沟通等一系列问题产生影响。第 15 章探讨集体运动，集中论述积极分子在组织、沟通和示威中使用数字媒体的问题——有时采用已有的数字工具，有时自主开发新的工具。

有关创新的部分主要论述在构建未来中发挥关键作用的三个全新领域的发展状况：数据科学、虚拟现实和空间探索。第 16 章重点讨论数据科学，这是在数字化环境中出现的一种新的研究。该章考查了在对经济和政治过程建模中数据科学所发挥的作用，以及该科学对政策产生的挑战。第 17 章探讨了在体育、教育、娱乐和医学等领域越来越多地采用虚拟现实的方式问题，由此模糊了现实和虚拟之间的界限。第 18 章探讨了研发应用于空间探索的数字产品的问题。该章认为，与社会的其他交通形式不同，远距离空间旅行更具封闭性和孤立性，这提供了一个有价值的视角来思考数字化环境中的社交互动的特征，即超级连接。

第 19 章对本书进行了总结；该章回顾了第 2 章到第 18 章所述的在各领域中所体现的数字化环境的四个关键特征，并对数字化环境的未来发展路径进行了思考。

第Ⅰ部分　基　　础

这部分介绍了对数字化环境中的社会生活发挥基础作用的技术和社会动力，提出由于日常生活中的数字化交流与互动在广度和深度上发生了质的飞跃，我们的社会关系和自我意识也发生了本质的变化。而这一飞跃突出体现了自动化在控制这些通信和交流过程中所发挥的作用。社会结构的形态——阶级与种族、民族和性别密切交织在一起——并未置身于数字化之外，而是融合到媒体和媒体的使用方式之中。社会生活在历史上一直受到性别、种族和民族等偏见的影响，当代的媒体化和算法也对社会结构的形态产生巨大的影响——物化了不平等，而且在某些情况下，还有助于一些解放性的项目。

总体来讲，这些章节还进一步阐明了在前一章中所介绍的数字化环境的四个关键特征。在第 2 章中，尼克·库尔德（Nick Couldry）和安德烈·赫普（Andreas Hepp）认为，我们每天在各种媒体设备及其内容上所花费的时间大幅度增加，证明了媒体的深化过程，这是当代社会的特征，而媒体化信息也渗透到日常生活的方方面面。这说明了数字化环境的整体性。此外，马克·迪泽（Mark Deuze）认为，我们依赖媒体生活，而不仅仅是使用媒体，因此需要关注的是使用互联设备和应用程序如何提升对社交媒体设备的体验。此外，李·汉弗莱斯（Lee Humphreys）的研究表明，该类体验似乎渗透到了社会生活中最私密的方面，自我。因此，她认为，普遍应用社交媒体是与我们和他人的关系的改变以及个体意识的转变有关的。

数字化环境的二元性暗示着一个孪生概念，即数字化环境是社会建构的产物，数字化环境一旦形成，会对社会产生影响，而且不为人所控制。第 3 章中，缇娜·布赫（Taina Bucher）对算法进行了分析，提出，尽管算法貌似神奇或神秘，但却是由具有特定动机的个体和集体在特定的文化背景中所构建的。正如弗吉尼亚·尤班克斯（Virginia Eubanks）提醒到，“技术源于文化，反过来也对文化产生影响。”布赫有关于社交的算法编程的论述、尤班克斯（Eubanks）有关福祉的合理性的论述、塔尔顿·吉莱斯皮（Tarleton Gillespie）有关不可能调节算法的论述，这些都有力证明了数字化环境的二元性。他们的论述阐明了个人和集体在交友、与国家的互动、特别是参与公共讨论等塑造社会生活关键方面中所做出的最初决策，也会理解为这些组织在应用技术中所具有二元的特征。

矛盾性是数字化环境的第三个特征，第 4 章讨论的种族和民族问题就是矛盾性的核心。萨菲娅·尤明加·诺布尔（Safiya Umoja Noble）认为，技术红线——类似于在银行、金融和保险业持续存在的红线——强化了长期存在的白人至上主义和种族歧视的观念。这同样适用于搜索引擎的搜索结果，搜索引擎通常会延续刻板性社会观念。但这些过程并非没有争议。因此，莎拉·杰克逊（Sarah Jackson）、莫亚·贝利（Moya Bailey）和布鲁克·福柯·威尔斯（Brooke Foucault Welles）分析了反公众的黑人在推特上采用的解放性做法，这在某种程度上是与“黑人的命也是命”这一抗议警察野蛮执法的全国性抗议活动相关的。该抗议活动的高潮是 2014 年密苏里州弗格森市的一名白人警察达伦·威尔逊（Darren Wilson）杀害了 18 岁的黑人麦克尔·布朗（Michael Brown）。[1]

矛盾性的核心是与数字化环境的第四个特征有关的：数字化环境具有不确定性。因此，正如马尔·希克斯（Mar Hicks）在第 5 章中所论述的，尽管英国似乎为第二次世界大战后的信息技术发展发挥了一种领导作用，但长期存在的性别歧视却阻碍了这一进程，所以当局用技能差强人意的男性工人替代了经验丰富的女性工人。萨拉·本尼－韦智（Sarah Banet-Weiser）也指出，流行女权主义所推动的进步受到了流行厌女症的抵制。因此，这种对立力量的共存使得具体的结果取决于一系列的环境因素，而不是由一组初始条件决定。

解读数字化环境中的社会生活，需要借助媒介化、算法、种族和民族以及性别等方面的动态变化。当我们讨论诸如学校教育、工作、新闻和行动主义等诸如此类问题时，这些动态变化将在本书中再次出现。

① 我们知道，不同词组的大写方式不尽相同，本书中，我们按照麻省理工学院出版社的指南，对所有名称首字母都大写。

2 媒 体 化

我们在家庭晚餐时看手机，做家务时开着收音机或电视，在上课、工作甚至社交聚会时，都会关注我们在社交媒体上发布的帖子的回复和评论。我们几天内就在网飞（Netflix）上看完整部最喜欢的电视剧——即使熬夜或者第二天早上筋疲力尽也会如此。我们不仅是靠读报纸和看电视来获取新闻资讯，还在乘坐公交工具或甚至在街上行走时查看脸书、推特和照片墙来获知新闻——与此同时，我们还在思播（Spotify）上听音乐和播客（podcasts）。

我们从大量的数字渠道获取了大量的媒体信息，在社交媒体上花费了大量的时间。因此，根据一家统计观众信息的尼尔森公司的调查，美国人在 2019 年平均每天有 11 小时 27 分钟花在媒体上，这一点儿不足为奇。如果每天大约有 8 个小时用来睡觉，那意味着我们醒来后有 2/3 以上的时间是与媒体联系在一起的。在当代，脱离媒体已然是一种例外，而非常态了。

这不是历史上第一次人们依赖媒体化信息。近年来，这一进程的广度和深度发生了巨大变化。根据伦敦政治经济学院教授尼克·库尔德（Nick Couldry）与安德烈·赫普（Andreas Hepp）合著的《现实的媒体建构》（*The Mediated Construction of Reality*）一书的观点，“在过去的两个世纪期间，日常生活中的媒体技术在所谓的‘媒体化浪潮’中所发挥的作用不断增加，也更为复杂。当电子媒体在 19 世纪发展起来时，媒体融入日常生活的可能性增加了，媒体之间的联系也随之加强了”。

库尔德认为，“这一过程随着互联网的发展而大大加强。在过去的 20 年，构建社会现实的每一个要素都以媒体为基础。由此产生的媒体间的循环反馈则改变了所谓深度媒体化过程的整合方式。因此，社会秩序出现了新的特征——新的输入、流动和影响，以及新的变化模式，其变化速度之快令人惊讶。将普通社交互动嵌入媒体流程中的社交媒体平台，在这一变化中所发挥的作用尤为重要”。

这种深度媒体化过程的实施与阿姆斯特丹大学教授马克·迪泽（Mark Deuze）的主张有关，即，我们生活在媒体中。他解释道，这个想法首先是“一种巧辩，从这个意义上讲，如果我们认为我们与媒体共存的话，我们必然认定媒体是不可控的、无法切断的外部事物。同时，媒体也是影响我们的设备，该观点认为我们将各种的焦虑嫁祸给社交媒体，比如，‘哦，正是因为电视或视频游戏的内容，我们的孩子才变得太暴力或过于纵欲了。’或者，‘哦，我们花了太多时间用智能手机进行交流，而不再面对面交流了。’等。在我看来，这样的观点无助于我们承担数字化生活所带来的责任。认为我们生活在媒体中就是承认你的所有生活都处在媒体之中，即，媒体在某种程度上是与你的生活有关系的，因此对你如何理解自己以及如何理解世界发挥着关键性影响”。

迪泽补充道：“我们在媒体上比其他类型的人工物品投入更多——我们的情感、人际关系、记忆、信仰、真理、是非判断……。我们每个人——甚至整个人类——都离不开技术、机器和媒体。除此之外，无他所需。由此可见，这对我们来说并不是一件‘好’或

‘坏’的事情——这只是我们面对的现实。问题是，我们想从这个世界得到什么？我们将如何承担责任？”

库尔德认为，深度媒体化过程重塑了人们社会生活的体验。“这种由媒体来维持的、新的社会秩序，有很多方面人们现在才开始理解。一个最基本的影响便是有关社会生活的空间和时间。当主要的计算机处理技术全面覆盖社会空间时，社会生活发生了深刻的改变。更重要的是，假设你携带的是一个连接互联网的设备，那么便可连接空间中的任意一点。计算机有很大的内存，还可以存储文件，因此将计算机能力整合到空间，时间也会发生改变：我们所说的话和我们的样子都存在不断存储的风险，可能会以出乎意料的方式用在意想不到的地点”。

这些动态化过程与社会生活最基础的方面交织在一起：对生活负责的能力和由此产生的自我意识。康奈尔大学（Cornell University）教授李·汉弗莱斯在《合格自我：社交媒体与日常生活的记录》（*The Qualified Self: Social Media and the Accounting of Everyday Life*）一书中探讨了这一主题。与库尔德和赫普一样，汉弗莱斯采用了历史的角度，强调社交媒体平台在这一过程中所发挥的改变性作用。她认为，“媒体账户是通过媒体（广义的媒体）记录并分享日常生活。我们与朋友和家人联系的方式之一是分享经历，而这是通过媒体完成的。很久以前，我们常在日记和剪贴簿上记录我们的生活和周围的世界所发生的事情。我们通过与人分享来加强社会关系。而今天，我们在社交媒体贴文记录当前正在做的事情。我们记录和分享日常生活中的和重大的事件，构建并增强我们的社会联系。随着时间的推移，我们能够通过媒体账户看到变化或趋势，而这是我们在现实生活中所无法捕捉的”。

为证实该过程，汉弗莱斯讲述了从写日记到写社交媒体帖子的转变。她说："最早的日记是典型的宗教日记，用来鼓励虔诚的宗教信念。记载自己的思想和行为加强了宗教价值观和自律。世俗记载和旅行日志在整个19世纪都很流行，但直到19世纪中后期，才开始出现更多的内省型和反思型的世俗日记，这在北美女性中尤为如此"。

相比之下，她认为"当代的媒体账户往往模糊了记录与内省之间的区别。媒体账户传递的不仅是我们做了什么，还传递了我们对此的看法。今天，由于广泛使用社交媒体平台及其对公众话语权的影响，我们更加意识到媒体平台的记载和分享的能力。如今，媒体记载不仅改变了我们的自我认知方式，而且影响了他人了解我们的方式"。

汉弗莱斯说，这一历史转变的部分原因是与人们在不同时代用不同的媒体所创造的不同类型的历史痕迹有关。"首先，历史痕迹的材料不同。从历史上看，媒体的记载通常被装订在书籍或相册中（例如，日记、剪贴簿、相册和婴儿书籍）。今天，手机是我们创造、分享和使用媒体账户的主要物质手段。社交媒体平台成为媒体账户的基础，因此我们不断更新状态。媒体账户具有数据和网络特征，所以其所有权具有排他性，潜在的受众也不断增加。虽然历史痕迹依赖于商业工具，但在某些情况下，一些组织可以访问我们媒体账户的内容。当代网络化的数字化环境在痕迹商品化方面和早期的媒体账户模式是不同的"。

所有这些都导致了她称之为"合格自我"的改变，而"合格自我"将人们的自我意识与其所植根的社会结构联系起来。"合格的自我是由于使用媒体账户所形成的自我意识。我们在媒体账户中记载生活，而随着时间的推移，就能看到在生活经历中看不到的东西。我用'合格'这个词是因为我们的痕迹可以证明我们是谁、取得了

什么成就以及我们的品质和资格，但范围有限。合格的自我从未将我们刻画成复杂的人，而只是提供了人们生活的快照”。

与库尔德对社会生活结构变化的观察相一致，汉弗莱斯注意到“合格的自我也是一种关系化的自我。也就是说，我们的痕迹不仅仅是关于我们自身的。我们记录的是我们的社会生活和社会关系。资格和自我追踪的增加主要集中在个人或个人数据的增加上。但是，合格的自我是在关系社交中存在的，而这种社交则塑造了媒体化的人际交流。在我们阅读祖父母的日记时，不仅了解了他们的生活，还从中看到了自己”。

媒体化进程，尤其是当前的深度媒体化浪潮，已经将数字媒体引领到了社会生活的核心。这是数字化环境形成的关键基础，日积月累就形成了一种包含现实生活本身的全方位体验。我们访问的是移动设备，而且使用的产品和服务具有互联性，因此当前的媒体化过程重塑了一系列广泛的日常实践。因为我们的自我意识是在社会互动中形成的，所以这些媒体化过程也会由于我们作为个体和与他人的关系发生改变而改变。在社交和身份上所发生的改变的核心在于有助于实现媒体化信息流自动化的算法。我们将在下一章中讨论这些在数字化环境中无处不在的组成部分。

3 算　法

根据剑桥词典，算法是“一组数学指令或规则，尤其是计算机执行时，可以计算出问题的答案”。这个现代计算体系架构中平平无奇的组件有着悠久的历史，但由于近年来发展迅速，已逐渐受到公众的关注。其中，2016 年美国总统大选便是典型案例。人们指责算法造成了选举期间所出现的筛选信息、强化政治主张、散布不实新闻等当代社会弊端。大多数学术和媒体分析都多明确或含糊地将算法解读为社会领域之外的复杂体，具有影响舆论、消费者购买行为和社会关系等神奇力量。

然而，最近的社会科学研究成果却挑战了这些想法。研究表明，和数字化环境的其他技术元素一样，在搜索结果的排名或在新闻推送中、在朋友帖文的排列中所使用的算法是在特定文化和监管背景下由个人和组织所完成的工作，并受到明确和隐晦的目标所驱动。此外，一旦编写应用了算法，其结果也是和与特定的人类动态有关的。因此，算法和编写算法的人一样，似乎也有社交生活。

从这个意义上讲，学者强调算法是人类劳动的产物。哥本哈根大学教授缇娜 · 布赫（Taina Bucher）在《如果……那么……：算法的权力与政治》（*If ... Then: Algorithmic Power and Politics*）一书写

到，“算法永远是为人类所创造、维护和维持的。当我们谈及脸书的新闻推送、油管的推荐或谷歌搜索中的机器学习机制时，这一点尤为如此”。

因此，她补充道：“算法和人类的能动性不是对立的，而是相互关联的，因为在任何算法定义中，人类都是软件的一部分，就像机械的计算机代码一样。”换言之，“理解今天运转当前在线平台的各种机器学习的算法时，重要的是算法不能独立于人类的输入和反馈而工作”。

纽约州立大学奥尔巴尼分校教授弗吉尼亚·尤班克斯（Virginia Eubanks）在《自动不平等：高科技如何锁定、管制和惩罚穷人》（*Automating Inequality: How High-Tech Tools Profile, Police, and Punish the Poor*）一书中认为：“我们经常认为新技术是脱离历史和语境的事物——就像《2001 太空漫游》（*2001: A Space Odyssey*）中的黑石板一样，横空出世、平地而起，改变了一切。但实际上，技术源于文化，反过来又对文化产生影响”。

尤班克斯在书中描述了持续的不平等制度是如何衍生和减少了具有社会差异的类似算法，研究了文化对技术的影响。制度化不平等并非新鲜事，尤班克斯讨论了“19 世纪初的救济院……”的历史，“该实体机构用于‘监禁’那些寻求公共救济的穷人和工人。全美有 1000 多家这样的救济院，我家乡的一个救济院——伦斯勒县工业之家——一直开到 1954 年。要想进入救济院，你必须放弃你的投票权、任职权（如果你有的话）和结婚权，通常也要放弃自己的孩子。这些机构中的死亡率每年高达 30%”。

她补充道，“这代表了我们在美国所做出的一个重要政治选择，即向我们的社会服务体系求助的条件非常可怕，只有最绝望的人才会求助”。我们认为，社会援助应该像是道德温度计——判定谁应该获得救助，谁不应该获得救助——而不是给比我们地位低的人设置一个标准。我使用‘数字救济院’的比喻来说明我们的新高科技工具如何成为这段历史的一部分，但这也产生了新的挑战和可能性。我认为这是‘深层的社会编程’，渗透到了社会服务的许多新方面”。

尤班克斯描述了一个在印第安纳州应用一个系统的案例：在该案例中，“对穷人和工人阶级进行了（也许是无意识的）假定——例如，他们容易被欺骗，容易懒惰——这些假定被嵌入技术的设计和实施中，从而产生了毁灭性的影响。例如，自动资格审核系统将申请中的每一个错误设置为有意‘在资格审定上缺乏合作’，并以错误为由使人们得不到本有资格获取的福利，而这是确保他们的家人安全和健康所必需的。”

即使执行了算法，在完成复杂任务时，算法通常也不能摆脱人类的干预。微软新英格兰研究院高级首席研究员塔尔顿·吉莱斯皮（Tarleton Gillespie）在《互联网的守护者：塑造社交媒体的平台、内容审核和隐含的决策》（*Custodians of the Internet: Platforms, Content Moderation, and the Hidden Decisions that Shape Social Media.*）一书中对此进行了研究。内容审核是指社交媒体平台决定哪些信息可能会由于冒犯部分或全部用户而应该删除。

吉莱斯皮认为，“平台一直审核、始终审核。就人力和资源而言，平台所做的很大一部分工作就是审核。这塑造了平台的商业决策，而且影响了平台对用户的看法。审核工作是在幕后进行的，用户很难看到或质疑。完全不存在没有审核的平台，只是审核的方式不同而已”。

吉莱斯皮补充道：“对于最大的平台而言，内容审核是一项复杂的工作，既依赖于算法检测技术，也取决于数十人、数百人乃至数千人的判断。考虑到内容审核真正需要的劳动力和成本，硅谷的科

技公司正热切地探索如何尽可能将其实现自动化”。

但到目前为止，这项工作并未成功，而平台自动识别并删除裸照的案例就说明了这一点。“设计能识别照片中的裸体的软件非常难：同样的色调可能是裸体的皮肤的，也可能是婴儿的脸的或者是落日的。但更重要的是，什么算作是裸体、什么算作是不可接受的裸体，这是因文化而异、因人而异的。即使软件能识别照片中的裸体，这也并不意味着可以分辨出裸体是有性暗示的、色情的、艺术的、医学的还是无害的，又或者上百万的用户都能认可这种判断。对软件来说，在色情与皮肤、骚扰与刺耳的辩论、仇恨的言论和纯粹的愤怒之间进行区分，得出一致的和可靠的结论是十分困难的，很难达到”。

这些局限性表明，编写算法之后，往往需要人工干预才能成功应用。“平台可能用软件标记潜在的违规行为，但必须有人逐项查验是否真的是违规，”吉莱斯皮解释道。“对于最大的平台来说，这项工作是由像马尼拉和海得拉巴等地的远离公司总部合同工人来完成的。这些负责审核的人每几秒钟就会点击一个来自世界不同地区的、使用100种不同语言的新帖子或图片，并根据其冒犯的程度快速做出删除与否的决定”。

这位微软研究院的专家告诫道，“这种工作令人身心俱疲；劳动条件十分恶劣，不断地接触到这些恐怖事物也可能会给人造成心理伤害，人们对此已经开始忧心忡忡。但有了这一切，我们所使用的平台要比其他互联网（环境）更干净，而且平台也能受益于我们所删除的数据”。

从吉莱斯皮的分析中可以明显看出，算法不仅由社会塑造，而且也影响着社会。在当代社会，算法是广泛的社交进程中的重要组成部分，包括获取新闻、寻找浪漫伴侣和组织工作等。最基本、最广泛的一个社交过程——建立和维持友谊——也不能脱离算法而存在。布赫称之为“程序化的社交，这是指我们在网络空间共处的方式是以具体的编码的方式来构建和塑造的”。

她补充道：“我们不仅仅在脸书上成为朋友，建立友谊的方式是高度‘程序化’的——是根据代码、用户体验设计、商业模式和预测模型等的可行性和限制性来构建和设计的。社交媒体平台在编程上具有积极的社交化，有商业模式，支持广告商的利益。也就是说，平台不仅是社交的技术性转变，而且还建立了人机互动的配置。因此，为了理解当代线上和线下的社会生活，有必要思考数字设备是以何种具体方式塑造社交”。

自动审核社会福利的资格、对潜在的攻击性内容进行审核以及交友的技术结构等都表明，算法的社会生活和人们的社会生活一样，取决于一系列多样性的决定。正如吉莱斯皮所说，“每个设计决策和审核策略都是一种选择。组合到一起就形成了一个公众平台，或者促进、加强民主审议，或者放大、压制错误信息，或者鼓励、抑制滥用，或者为少数人提供发声的平台，或者压制发声”。

布赫对此表示赞同，并对个人在使用基于算法的技术中所做出的选择产生的直接和间接影响进行进一步阐释：“对算法，人们既做很直接的事情，例如，终端用户在线点击、点赞和分享，这是算法学习的来源——也做更为间接的事情，例如，在编写机器学习系统中不可避免地将几十年来的社会不平等嵌入数据集中，而这种不平等可能会以难以预料的方式被放大”。

为了防止出现诸如尤班克斯所研究的不平等可能扩大这样的负面后果或者使其最小化，吉莱斯皮敦促我们“承认筛选信息的算法以及屏蔽其他信息的算法和人员，都不可避免地塑造了舆论。问题是，他们是否渴望产生最具活力和包容性的舆论？”

算法是社会构建的——正如前一章所述，由于媒体化的范围很广，算法在日常生活的主要方面无处不在——因此，我们应该注意个人和集体行为对算法的编写、配置和使用所产生的影响。我们的数字化环境的活力和包容性至少在一定程度上是取决于此的。这是因为社会结构既是数字化环境的组成部分，又是城市环境的组成部分。尤班克斯和吉莱斯皮的评论都指出了阶级不平等在算法的设计和应用中所发挥的作用。社会结构的其他关键因素，如种族、民族和性别，也发挥着重要的作用。因此，我们将在接下来的两章中进行研究。

4 种族与族裔

在美国，只有10%的人无法上网。在白人中的这一比例下降到8%，但在拉丁裔和黑人中的这一比例分别上升到14%和15%。此外，72%的白人家庭有宽带，而拉丁裔和黑人家庭的这一比例分别为47%和57%。这种差距与经济中的数字技术部门的劳动力构成有关：拉丁裔程序员仅占7%，而黑人仅占8%。在过去15年中，尽管该部门显著发展，但这一构成却变化不大。

早期数字化环境的特征是梦想拥有一种中立的、平等的及后种族主义的技术，这最终也只是一个梦想。正如加州大学洛杉矶分校（University of California at Los Angeles）教授萨菲娅·尤明加·诺布尔（Safiya Umoja Noble）所证明的，这在一定程度上是因为算法对数字化环境的日常生活至关重要，往往会复制先前存在的偏见和其他的社会不平等。诺布尔说，“在广义的社会里，在狭义的数学和工程领域中，人们普遍相信，数学根本不具备歧视性。但当我们谈论人工智能和算法有歧视能力时，其实谈论的就是将数学和统计模型应用到人、社区和社会。我们现在有诸多证据……表明，种族主义和歧视是如何通过数字媒体平台延续的”。

她解释说：“出现这种情况的原因之一是，那些制作支撑人工智

能的统计模型和数据库的人却不了解在这些数据集中所隐含的缺陷和历史。但这也关系到数据是如何创建的、其代表性以及所排除的事项。并非结构性种族主义的所有复杂社会历史和证据都能简化成为支撑模型的离散数据集，因此，我们看到，和预测性监管一样，歧视和种族主义加剧了。更重要的是，预测性的人工智能模型总是通过收集过去的数据来预测未来——这意味着，如果过去存在不平等，这些模型在未来会加强这种不平等”。

这些动态的一个例证是“技术红线”过程，根据诺布尔的观点，“这是一种数字化的数据歧视，利用我们的数字身份和活动来强化不平等和压迫。这通常是在我们不知情的情况下发生的，是通过我们网上冲浪和使用社交媒体等数字活动完成的，而且已成为算法、自动化和人工智能分类机制的一部分，可以针对我们，也可以将我们排除在外。这是产生、维持或加深种族、族裔和性别歧视的一个方面，是与社会的商品和服务的分配密切相关的，例如教育、住房和其他人权以及公民权利”。

她补充道，“技术红线是与我们所看到的在银行、金融和保险业长期存在的‘红线’做法密切相关的，美国国会一直将其定义为非法行为。而这种做法难以捉摸，因为技术红线是通过线上、基于互联网的软件和平台来划定的。它是不透明的，在系统做出决定之前很难察觉，比如提高保险费、银行拒绝贷款或项目准入，或者用来定义一个‘最佳’求职者或住房接收人。这成为判断一个人是否有机会和权限的基础”。

诺布尔在书中还分析了数字化环境中的另一种看似平凡的种族和民族歧视的表现形式：搜索结果。她描述了搜索引擎——为搜索算法设计所影响——通常是如何经常产生歧视性的结果。例如，搜索“非洲裔美国女孩”“拉丁裔女孩”和“西班牙裔女孩”，搜索结果会有色情图片。其他的自动提示的搜索结果会询问，为什么非裔美国女性如此“愤怒”“吵闹”“刻薄”和“懒惰”。

为什么搜索引擎的结果如此重要？诺布尔在成为一名学者之前曾从事了15年的市场营销和广告业工作。正是因为具有这种职业经历，她解释道，“虽然离开了美国企业，但是却对市场细分和目标市场的运作方式有非常敏锐的认知，也能够非常敏锐地认识如何根据种族、族裔、性别、性取向和年龄来对消费者群体进行组织和评估。这也是我能很快发现谷歌和大型互联网平台是如何在市场营销和广告中使用相同的逻辑来组织和展示线上内容的。当然，问题也在于公众将社交媒体和搜索引擎视为可靠的新闻和信息机构，而不是一个——全球广告平台”。

但这并非满盘皆失。应用数字媒体也有助于种族和民族问题的解放。这是莎拉·杰克逊（Sarah Jackson）、莫亚·贝利（Moya Bailey）和布鲁克·福柯·威尔斯（Brooke Foucault Welles）在《#标签行动主义：种族和性别公正的网络》（*#Hashtag Activism：network of Race and Gender Justice*）一书中所提出的部分论点。这几位作者认为，像推特这样的社交媒体平台能成为被剥夺权力的反公众人士提供宝贵的沟通和组织资源。东北大学（Northeastern University）教授福柯·威尔斯解释道：“‘反公众’是指在社会中没有权力的一群人，例如，传统上不担任民选职位或经营大公司的人。在美国，黑人可以被视为反公众人士”。

她补充道：“我们的研究发现，黑人聚集在推特上讨论对他们重要的问题，倡导社会变革。除了有一个相对较大的黑人用户群体，推特并没有什么特别之处。像所有人一样，黑人使用推特讨论对他们和他们社区重要的问题，包括美国的种族主义和治安问题”。

福柯·威尔斯认为，“事实是，对黑人的偏见和歧视，包括警察

和刑事司法系统对其的不平等对待，这在美国由来已久。在美国，与白人相比，黑人被逮捕、监禁和遭受警察暴力的可能性更大。黑人及其盟友使用‘黑人的命也是命’（Black Lives Matter）这样的标签，能够提高对这些不平等的意识，并倡导社会变革”。

这种意识的提高过程在一定程度上是社交媒体平台和传统新闻机构之间信息流通的结果。根据福柯·威尔斯的观点，“大多数人仍然从电视和报纸等传统媒体渠道获取新闻和信息。虽然媒体不一定告诉我们应该去想什么，但确实告诉我们应该思考哪些问题。当种族定性和警察的偏见性执法等问题只影响少数人时，大多数人——从定义上讲——将不会直接亲身经历这类问题。但他们可以了解媒体中的偏见和歧视。当偏见和歧视问题——如警察偏见性执法和其他形式的不公正——在社交媒体上传播时，主流媒体则更有可能报道这些问题，而主流媒体的报道越多，大多数美国人就越有可能开始讨论这个问题”。

她以 2014 年密苏里州弗格森市出于种族动机杀害少年迈克尔·布朗（Michael Brown）的事件为例，说明了这些动态的解放力量。“尽管‘黑人的命也是命’的运动在迈克尔·布朗被密苏里州弗格森的警官达伦·威尔逊杀害的几年前就开始了，但弗格森市的抗议活动和‘弗格森标签’可以说是‘黑人的命也是命’运动在美国得到广泛认可的关键点。我们永远无法确切知道改变这一切的为什么是弗格森而不是其他事件——但我们的确知道的是迈克尔·布朗在一个人口稠密的地区于午间被杀，人们迅速聚集并开始在社交媒体上记录所发生的事情。人们对所看到的一切感到愤怒是可以理解的，也正是因为这些原因转向社交媒体寻求更多的信息”。

然后，她继续说，“在接下来的几天里，社区成员、当地的活动人士和当地政客使用推特和其他社交媒体记录抗议活动，要求提供有关迈克尔·布朗死亡事件的信息。迈克尔·布朗被杀后的第四天，抗议活动规模扩大了，主流新闻的重要记者开始报道弗格森。由于社交媒体，记者们能从社区成员和示威者的角度报道该事件。这些报告对我们理解抗议活动产生了巨大的影响，包括将抗议活动定义为社会变革的正当和必要活动”。

根据与同事所进行的研究，福柯·威尔斯强调了在打击数字和城市环境存在的种族和族裔歧视的斗争中，将线上激进主义与当地组织相结合的重要性。“推特可以成为激进主义的有力工具，尤其是在提高对影响少数族裔和边缘化社区等问题的相关认识方面。我们的研究发现，最受欢迎的信息是那些人们从自己的角度所分享的真实信息——因为人们喜欢与他人产生共鸣。能得到当地社区领导人的帮助也很好，比如政治家和当地名人。这些人通常和当地社区的联系稳固，也比普通人的影响力略大。你不必总是借助有很多追随者的人传递信息，但这确实有帮助！”

此外，她指出，“重要的是要记住，推特只是其中的一部分——你需要社会媒体、当地组织、面对面的会议、公民和政治参与，以及筹款来创造和维持社会变革。”好消息是，不同的人分工不同，人们可以根据个人和职业需求的变化而发挥不同的作用。构建生态系统中每个部分都重要，每个人都可以尽自己的一份力！

诺布尔则呼吁“建立技术行业的监管机构，类似美国食品药品监督管理局对食品和药品的监管一样。我们还需要与联合国合作进行国际监管，等等。但我认为，技术行业不能监督自身的功效，就像制药业或化石燃料公司不能自我监管一样，技术行业也不能确定其产品和服务对公众和消费者造成的危害”。

她还主张，“我们需要一个‘技术倡议的真相’的运动，这类似于烟草行业的真相运动，我希望能和其他人一起组织。目前，关于

人工智能需求的讨论大多是片面的，或着眼于其制造商的利益，或专注于完善技术，但这些是不够的。与其说这些问题是技术问题，不如说是社会和政治问题……由于与数字自动化相关的社会不平等逐渐深化，必须对这种社会不平等进行弥补和修复”。

数字化环境反映和再现了我们社会最坏的和最好的一面，包括持续存在的歧视和争取正义的斗争。这印证了一个简洁有力的假设：我们的政治和文化问题没有纯粹的技术解决方案，只有社会技术的解决方案。因此，我们有责任为数字化环境构建一个公正的、公平的基础，提高数字化环境内外的生活质量。

5 性 别

“男孩和他们的玩具”——历史学家鲁思·奥尔登齐尔（Ruth Oldenziel）在一篇标题类似的文章中探讨了这一具有普遍性的观念，该文章表明了技术和男子气概之间存在着密切关系。如果这种关系不是自发产生的，而是社会进展的结果，那么在研发、应用和使用数字化环境的技术结构中，女性的角色是否受到忽视？

伊利诺斯理工学院（Illinois Institute of Technology）的马尔·希克斯（Mar Hicks）教授在《程序化的不平等：英国如何抛弃女性技术人员并在计算领域失去优势》（*Programmed Inequality: How Britain Discarded Women Technologists and Lost Its Edge in Computing*）一书中论述了英国计算机行业的演变对理解这一过程的重要性。英国从第二次世界大战中崛起，计算机领域处于领先地位；第二次世界大战之后的一段时期，女性在编程方面发挥了主导作用。当时，英国政府决定大力发展计算机产业，以加强其在全球的领导地位。为了实现这一目标，政府选择让男性担任关键职位。希克斯说：“这些工作的重要性与日俱增，从业者日渐增多，这都削弱了女性在计算机行业的地位——因此，技术水平较低的男性进入了这些技术岗位。性别歧视的主要机制是倾向于雇佣男性担任这些重要的新工作的管

理岗位——而不是提拔已经在做这些工作的女性来担任管理岗位”。

希克斯指出，这种歧视机制与一个更大的前提：“我们只需要看看‘天才男孩’或‘公司创始人’的比喻，就能了解白人、异性恋、顺性别的男性如何被假定为技术的‘模范公民’，不论他们可能会搞砸多少事情。与大多数其他领域一样，科技行业弱化女性的作用，女性最终不太可能拥有高管的职位，因为人们仍然认为，女性在工作之外的生活会诱使她们离开。所有女性都会——或者至少可能会——无法全然不顾丈夫和孩子而专心工作，这一假设意味着，女性仍被视作‘有瑕疵的’员工、创业者”。

对希克斯来说，“仍然有一种强烈的文化观念，认为女性不应该像男性那样行使权力，女性控制男性是有问题的。因此，从政治到高科技领域的权力追逐中，女性总是受到有意的、反复的限制，无法发挥她们真正的潜力。只需看看美国自 2016 年以来的政治形势，就足以证明这一点——这也对社会造成了广泛的危害。这不仅仅损害了女性在工作和公共生活中的前途”。

伦敦政治经济学院的教授萨拉·本尼－韦智（Sarah Banet-Weiser）认为，这种情况反映出当代社会中女权主义和厌女症之间的紧张关系。她专注于所谓的“大众女权主义”，其主要特点是“那些与资本主义市场逻辑相称的言论和政策：这些言论和政策或者关注个人身体，或者将社会变革与企业资本主义联系起来，或者强调自信、自尊和能力等个人属性对实现新自由主义的自立和资本主义的成功极为重要。在资本主义的企业媒体文化中，那些最容易被商品化和标签化的女权主义是最引人注目的，这意味着，大多数时候，最明显的流行女权主义是白人、中产阶级、顺性别和异性恋等话题”。

本尼－韦智在《赋权：大众女权主义和大众厌女症》（*Empowered:*

Popular Feminism and Popular Misogyny）一书中写道："流行女权主义的盛行为特定的政治活动提供了空间，这些政治活动围绕着流行经济而产生共鸣的主题，比如赋权、信心、才能和能力。正因为如此，流行女权主义在塑造文化方面十分活跃。但是，流行厌女症的力量却是被动的。我认为，我们需要理解流行女权主义和流行厌女症之间的关系，并将其理论化，而不是将其看作是独立或离散的元素。也就是说，当代厌女症的加剧在一定程度上由于女权主义在文化上得到了广泛的传播和支持。每当女权主义获得广泛关注——即，每当女权主义超越了通常被认定的狭隘女权主义范围时——当前的局势就会将其视为一种危险需要被摧毁的东西"。

本尼－韦智将流行女权主义的增强与数字技术的传播联系起来。"许多流行媒体平台的结构是归属于资本家和企业的，因此流行女权主义的特定版本，即那些不破坏资本主义或主流政治的版本，很容易传播和放大。因此，流行的女权主义通常物化为一种广泛可见及可及的形式。它出现在广播媒体、电视、广告、流行音乐和颁奖典礼上。同样，在当代背景下，它可能最频繁地出现在社交媒体上，诸如照片墙、汤博乐（Tumblr）、脸书和推特等数字网站为其传播提供了平台"。

然而，在当前的政治文化中，社交媒体也加剧了厌女症。"像流行女权主义一样，流行厌女症也是网络化的，是各种媒体和日常生活的相互关联的节点。"因此，"每一个专注于女性身体积极性的汤博乐页面，都有对肥胖和体型羞辱的在线评论。每有一个鼓励女孩自信的组织，都会有另一个男权组织声称男人才是'真正的'受害者"。

本尼－韦智解释说，这是因为"社交媒体的技术属性不但传播了流行女权主义的言论，还同样传播了厌女的言论——而厌女言论

受众更广、在很多彼此关联的网络上传播得相对容易，并且在更大的文化政治领域中传播。从美国总统特朗普和巴西总统博索纳罗的当选，到匈牙利对‘性别意识形态’的攻击，以及其他极右翼的成功，这都是全球极右翼行动的象征，都是对一种挑衅的、戒备性的大众厌女情绪。虽然流行女权主义高度引人注目，但也仅是引人注目而已。厌女症却渗透到了结构之中了”。

女性劳动力的降级也体现在那些利用社交媒体将职业转化为生计的实践中。康奈尔大学（Cornell University）教授布鲁克·达菲（Brooke Duffy）在《做你喜欢的事并且获得报酬：性别、社交媒体和激励人心的工作》（*Getting Paid to Do You Love*：*Gender*，*Social Media*，*and Aspirational Work*）一书中以所谓网红的“有抱负的工作”为例研究了这一现象。这种类型的工作的特点是“个人为了追求职业而投入的时间、精力和财力，获得报酬去做他们喜欢的事情。”她补充道：“社交媒体文化在雄心勃勃的劳动体系中发挥着至关重要的作用：油管播客、照片墙网红和其他线上名人经常被视为当代职业榜样，我们所有人都渴望在社交媒体上树立自己的品牌”。

虽然激励人心的工作已经存在很长一段时间了，但达菲认为，“我们中的许多人使用社交媒体来期待‘被发现’或让自己感兴趣的项目‘赚钱’，从而获得职业的成功，这才是当今环境的独特新颖之处。在流行文化中，我们接触到各种社交媒体人通过数字媒体一夜成名的成功故事。然而，这样的事例掩盖了一个事实：在这个竞争异常激烈的领域，这少数的人是如何名利双收的”。

达菲强调了性别在网红活动中所发挥的重要作用，尽管男性和女性都参与这种活动。“在很多行业中，激励人心的工作是随处可见的——包括时尚、美容、保健和手工艺——在这些行业中，女性为主要参与者，其价值也受到低估。当然，这一现象从历史上可以追溯到‘女性工作’的传统。这种劳动——无论是无偿的家务劳动（养育孩子、照顾孩子），还是有偿的就业（服务和行政工作），在历史上都被贬值了，无论是社会上（被认为是‘天生的’或‘轻松的’）还是在经济上（得到的报酬远低于男性）都是如此。与此同时，这些领域往往因定义为女性领域而受到忽视”。

与种族和族裔问题一样，在数字化环境中，有一些社会和技术实践具有解放潜力。希克斯认为，“承认性别和种族歧视是解放的第一步，但这一步通常还没有认真实施……在大多数情况下，公司和政府希望看到结构性歧视是‘自然而然’发生的事情，而不是他们主动创造的事情。他们想让工人们自己努力，以某种方式解决精英制度自上而下的问题。”因此，这位历史学家强调需要一种结构性的方法来取代具体的、孤立的举措：“关键在于以常规方法改变现状，而不是将少数多元化候选项嫁接到一个破碎的系统上”。

本尼-韦智同意这种结构性观点，并指出，“媒体和技术产业实际上往往是围绕性别歧视建立起来的。”此外，她还提议，“制定有利于指控者和受害者的政策，而不是有利于被指控者的政策。从女性就业人数到就业性质，纠正工作场所的性别失衡：认识到男女工作类型之间的差异，并提拔或雇佣女性担任领导职位。不要容忍随意的厌女症或性别歧视，要制定尊重他人的相应政策”。

达菲则呼吁，“媒体高管和内容创作者应提高数字媒体行业经济的透明度：谁来买单？报酬是什么样的？创意活动还有什么价值？算法系统发挥什么作用？”根据这位康奈尔大学教授的说法，“这些问题都需要更大的透明度，以便开始应对媒体和技术部门的巨大不平等”。

这些学者的研究成果表明，性别歧视是数字化环境中的一种构成模式。这种模式对社会生活的各个方面都有很大的影响，而且往往被视为理所当然。然而，它不是事物的本质，而是社会建设过程的结果，是可以渗透变化的。如果不重塑这一观念，就难以将我们的数字化环境重建为更加公平的环境。

第Ⅱ部分　制　　度

本部分主要介绍育儿、教育、工作和约会等方面。这是现代社会日常生活中的四个最突出的部分。这些部分也是大多数人至少在一段时间内生活涉及之处——无论是作为孩子、父母、学生、工人、伴侣或这些角色的组合。虽然媒体长期以来一直是用于抚养和教育儿童、谋生和寻找浪漫伴侣的重要组成部分，但数字化环境的发展和使用与这些部分的性质发生的重大转变息息相关。本部分中采访的学者所提出的观点有助于我们阐明数字化环境的四个定义特征。

第6章展望了数字化环境的整体性。正如艾伦·沃特拉（Ellen Wartella）在讨论家长应如何限制孩子接触媒体时间时所说，“事实是，孩子们已沉浸在媒体世界中”。玛格达莱娜·克拉罗（Magdalena Claro）提出，数字媒体在许多人的生活中普遍存在，已不再是分散的工具，而越来越成为我们日常活动的空间。在第7章中，索尼娅·利文斯通（Sonia Livingstone）提出，教师和家长应该培养孩子认识到“主动割断数字化环境的联接的价值”，而不是单纯限制上网时间，这是因为在很多社会中，互联互通越来越成为常态。

数字化环境的整体性与其二元性有关。尽管数字化环境是由社会所构建和维护的，但也往往是一个自我平衡反馈的结构，其设计和应用的后果超出了个人的控制。黛安·贝利（Diane Bailey）和保罗·莱昂纳迪（Paul Leonardi）在第8章关于工作的工业化和数字化的讨论中强调了这种二元性。尽管装配线和计算机的发明似乎已经改变了大多数公司的生产组织方式，摆脱了工人个体的控制，但是这些应用所产生的影响却受到管理人员对技术的应用方式和员工使用方式的影响。在同一章中，谢恩·格林斯坦（Shane Greenstein）提醒人们不要相信互联网有自己的运行规则，建议要培训人员而不是算法，以实现技术革新。

一方面，数字化环境的结构是自上而下的再生产，另一方面是人的因素始终存在，会持续发生自下而上的创造性干预，这两者间的张力就构成了二元性和冲突矛盾之间的联系，即数字化环境的核心。在第7章中，丹娜·博伊德（Danah Boyd）认为，在学校和其他领域，科技放大了不平等，而不是造成了不平等。她同时提醒不要采取诸如分发设备或自上而下的引导学生进行某些类型的在线活动等策略来纠正这些不平等的解决方案。事实上，正如伊藤水子（Mizuko Ito）反映的那样，教育工作者往往将青年人的网上活动视为“浪费时间，而不是学习”，并提醒，这“对非主流文化中的年轻人所追求的兴趣领域以及女孩的流行文化尤为如此”，这都加剧了不平等。

然而，正如本章采访的作者所强调的，数字化的最终结果尚未确定。正如伊莱·芬克尔（Eli Finkel）在有关寻找浪漫伴侣内容的第9章中所指出的，尽管数字技术“彻底改变了我们认识伴侣的方式”，增加了潜在伴侣的数量，但算法并不擅长预测两个人一见面就是否契合，因为两人一旦在一起就会发生化学反应。数字化环境中的不确定性也显而易见，这是因为尽管工作流程的自动化程度不断提高，但仍要雇佣人来执行计算机无法完成的任务，如标记图像或审核内容，正如玛丽·格雷（Mary Gray）和悉达思·苏里（Siddharth Suri）在关于自动化的最后一英里的著作中所讨论的那样。

本部分所展示的研究强调了人在高度集中的社会生活机制中所持续发挥的核心作用：育儿、教育、工作和约会。正如大多数人类活动一样，这些机制在数字化环境中进行，而数字化环境尽管有时看似不变，实际上却是因人类决定的变化而不断迭代创新的，因此有时彼此间是有冲突的。这给孩子、父母、教育工作者、工人和恋人带来了新困境，同时也为其提供了崭新的机会。

6 育　儿

根据联合国儿童基金会 2017 年《数字时代的儿童》（*Children in a Digital World*）的报告，世界上 1/3 的互联网用户年龄在 18 岁以下。因此，皮尤研究中心（Pew Research Center）在一年后进行的一项调查中发现，在美国这样的发达经济体中，13 岁至 17 岁的青少年中有 95% 的人使用智能手机，88% 的人使用笔记本电脑或台式电脑，这也就不足为奇了。此外，在那些上网的青少年中，9/10 的人“几乎不间断地”或“一天几次地”上网。

这些统计数据反映了我们日常生活中的亲身经历，包括公共交通、餐馆和儿科医生的候诊室等各种环境。我们看到儿童和青少年盯着自己的屏幕，有时全神贯注地到了与世隔绝的程度——更不用说聚会玩耍时，虽然坐在一起但身心却完全集中在智能手机上。父母对此经常抱怨。但在其他情况下，父母又如释重负，因为父母自己能做自己的事情，比如工作、开车、吃饭，更不用说在自己的设备上查看社交媒体、发送即时信息和登录新的网站。

个人屏幕——尤其是智能手机——已成为数字化环境的象征，也是数字化环境的窗口。无论是技术的使用程度，还是使用的强度和多样性，任何年龄段的儿童都是最欣然接受个人屏幕的。这一现象为父母养育子女带来了哪些机遇和挑战?

西北大学媒体与人类发展中心主任艾伦·沃特拉(Ellen Wartella)教授解释道:"美国儿科学会(App)曾经建议,两岁以下的孩子不应该使用屏幕媒体——电视、电影、电脑或 iPad——但由于出现了像 Skype 这样的程序,孩子们能和父母、祖父母等在不同空间进行视频和语音交谈,因此美国儿科学会重新考虑了这一建议……现在他们建议,父母应保持警惕,确保两岁以下的儿童,即使使用屏幕媒体——包括 iPads 或手机——不要在媒体上花费太多时间,父母应该监督孩子们使用屏幕媒体的原因,确保孩子要参加除使用媒体以外的其他诸多活动……我们不希望两岁以下的孩子把大部分醒着的时间都花在屏幕上。但事实是,孩子们沉浸其中,父母们甚至乐意让婴儿玩媒体设备"。

罗克珊娜·茂德楚兹(Roxana Morduchowicz)在《网络上的噪声:青少年在数字时代是如何获得信息的》(*Ruidos en la web: Cómose informan los adolescentes en la era digital*)一书中描述了科技是如何融入儿童和青少年的日常生活的:"他们一边听音乐,一边在网上搜索信息,一边用手机和朋友交流,一边做作业。所有的事情都同时进行、即时进行。屏幕掩盖了青少年的身份。成年人——家长和老师——所能做的最好的事情就是承认这一现实,要了解孩子们对电子设备的使用,要理解 21 世纪的青年文化,从而从孩子们的角度而不是从我们所希望的角度和他们交谈"。

各种技术构建成了数字化环境,使用各种技术可以开展各类活动,这也是数字化环境有别于其他媒体的一点——这在儿童和青少年的实践和经历中最为明显。正如智利天主教大学数字教育实践观察站主任玛格达莱娜·克拉罗(Magdalena Claro)所言,"信息和通信技术不仅仅是支撑日常活动的工具:它们是一种新语境或环境,

儿童、青少年和成年人在其中开展诸多活动。”因此，“与我们开展活动的任何环境一样，也存在机遇、挑战、问题和风险”。

克拉罗认为，“我们应该自问，哪些孩子能够得到这些机会——有机会能够使用设备、有适当的时间和使用的环境。”她认为，“成年人的重要责任之一是确保所有的孩子都有充足的机会和必要的支持引导，这样他们就能积极正确地利用这些机会，促进社会和个人的发展。”沃特拉对此表示赞同，并补充道：“总体而言，我认为，今天的孩子比前几代人更能接受使用各种媒体技术……这主要是因为今天大多数年幼儿童的父母在生活中是伴随着媒体和电子技术长大的。而且，甚至越来越多的公立学校在入门课程中引入了电子技术——比如美国幼儿园和一年级的 iPad”。

但这些机会并非没有风险。据沃特拉的观点，“重要的是孩子、内容和环境……家长更需关心的是要确保浏览的内容适合他们这个年龄段的孩子——例如，禁止儿童接触色情或色情短信——降低或清除视频游戏和网上的暴力内容。因此，家长如何看待媒体给孩子带来的风险取决于孩子的年龄和性情、关注的具体内容（性、暴力、不当行为）以及使用环境——有无父母在场。此外，有很多证据表明，睡前使用电子设备有害无益，如干扰睡眠等。因此，必须禁止在睡前至少一小时使用媒体设备。我们在对学龄儿童家长的研究中发现，他们越来越多地考虑到这些因素，并试图教育他们的孩子安全健康地使用媒体设备”。

另一组风险涉及霸凌和骚扰。茂德楚兹指出，“学校霸凌一直存在。但是，互联网上的霸凌行为有其独特的特点，危险性更大。首先，施暴者是匿名的。而之前，施暴者是透明的，人人知晓。如今，你可以伪造个人资料去骚扰他人而不必承担责任。其次，现在霸凌行为的持续时间更长。过去，每周甚至每天都会更换作弄对象。而如今，上传到互联网上的内容很难删除，因此骚扰的时间更长、更持久。第三个差异是空间：传统的霸凌局限在教室和 30 名学生。而在如今的互联网上，网络霸凌远远地翻越了教室的旧墙。这三个特点使当今霸凌的方式更加复杂。因为这些差异能给遭到霸凌的孩子带来更严重的后果，因此学生们应该意识到这一点”。

学者们提出了各种建议，以将这些风险降到最低，并提高数字化环境下的整体育儿体验。克拉罗对“限制性干预和主动干预进行了区分，前者旨在限制使用的时间和类型，后者旨在通过对话、陪伴、协商的方式来指导与使用的时间和类型相关的问题。”她提出，虽然限制性干预更适合年龄较小的孩子，但“随着儿童年龄的增长，重要的是让他们在家长的引导和支持下尽可能拥有更大的自主权”。

沃特拉认为，孩子和青少年在网上所接触到的内容可以让他们与父母就有争议的话题进行有价值的对话。“和孩子一起观看媒体的父母可能会发现——正如我们对网飞系列剧《十三个原因》(*13 Reasons Why*) 的巴西、英国、美国和澳大利亚观众进行的研究所发现的那样——即使是不轻松的话题视频也能引发观众对青少年生活进行更广泛的讨论”。沃特拉认为，这是因为“一些屏幕媒体的内容是有煽动性的，有助于深刻了解你的孩子正在经历的一些社会问题或事件……和孩子谈论该内容，了解他们对这些问题和事件的理解。简而言之，屏幕内容可以激发有效的亲子对话”。

茂德楚兹说：“许多家庭有一种根深蒂固的观念，父母会问你数学学得怎么样，但很少有人会问你在网上做了什么：你在网上发现了什么网页或网站，什么让你觉得有趣或生气，你与谁交流过——熟人还是陌生人，而不是交流的实际内容。我们要做的是给予关注，而不是侵犯孩子隐私。如果对孩子使用媒体设备有良好的沟通、了解和认同，时间将是一个小问题”。

茂德楚兹的评述揭示一种实用的方法，这其实是对沃特拉和克克拉罗所提出的概念视角的一种补充：如果儿童和青少年沉浸在一个包罗万象的数字化环境中，那么他们在网上的浏览轨迹就像城市导航一样意义非凡。在这两种情况下，利用这些浏览轨迹促进学习和自身发展，从而避免或将风险降至最低，这样生活就会变得丰富多彩。下一章将继续以学校教育为话题深入探讨这些问题。

7 学校教育

数字媒体在儿童日常生活中的获取、使用和中心地位的提高给父母带来了挑战和机遇，这也影响了另一个主要的机制：学校教育。媒体在课堂和课堂外的学习环境中存在由来已久。然而，在过去的几十年里，信息技术的创新大大加快了这一速度。长期以来，人们一直乐观地认为采用这些创新技术对教师、学生和家长都有着内在的好处，这也推动了媒体广泛应用的这一趋势。

然而，这一观念并不总是符合实际，这在很大程度上是因为在学校教育中使用数字媒体，往往会重现而不是缓解社会中先前就存在的不平等。这一情况的类似例子是，在新冠病毒感染疫情大流行期间大规模地采用了远程学习，这凸显了在获得充分使用这种学习模式所必需的基础设备、技术、知识和技能方面是存在着巨大差异的。

微软研究院（Microsoft Research）合作研究员、数据与社会研究所（Data and Society）创始人兼所长丹娜·博伊德（Danah Boyd）在《网络时代青少年社会生活的复杂性》（*It's Complicated: The Social Lives of Networked Teens*）一书指出，“不平等是系统性的，不是植根于技术而是通过技术扩大的。学校采用技术时，往往天真地

认为这会缩小学生之间的差距。但是，如果学生家里没有互联网，那么联网设备便毫无用处。如果学生害怕离开学校的途中遭遇抢劫，那么这项技术也可能带来新的风险。如果家长不会讲英语或不知道如何使用技术，那么也会产生新阻碍。我们不能指望学校通过一次干预就能解决系统性问题”。

因此，博伊德认为，“关键是学校要深入了解自己的学生群体，建立一个情境化的课程。怎样才能帮助那些在经济上处于劣势的学生获得优势？正如学校为需要额外帮扶的学生考虑个性化的教育计划一样，关键是要真正考虑不同的学生，定制干预措施，这样才能帮助缓解结构性不平等”。

不仅学生之间存在不平等，学校之间也存在不平等。阿姆斯特丹大学教授杰西卡·泰勒·彼得罗夫斯基（Jessica Taylor Piotrowski）和帕蒂·瓦尔肯堡（Patti Valkenburg）在共同撰写的《插上电源：媒体如何吸引和影响年轻人》（*Plugged In*：*How Media Attract and Affect Youth*）一书中指出：“如果学校系统的基础设备能够支持使用各种智能手机完成课程和课堂活动，这对更个性化的学习将是一个很好的选择（即，很多系统依靠一个构建而成的信息方法）。这样的基础设备包括一个安全的网络、课程信息的预算、教师的职业发展以及允许所有学生访问的平台等”。

然而，彼得罗夫斯基表示：“如果没有这样的基础设备，可能会出现更多的中断而不是整合——在这种情况下，禁止或限制使用似乎是一个更合理的选择。在我看来，如果考虑限制使用，应该进行使用智能手机的培训——对教师、家长和学生进行——以协助确保正确使用智能手机”。

一些教师在学生如何在日常生活中使用技术以及这如何影响他们的学习体验等方面的观点陈旧，这加剧了获得和提供教学资源方面的不平等。伦敦经济和政治学院教授索尼娅·利文斯通（Sonia Livingstone）与朱利安·塞夫顿·格林（Julian Sefton-Green）合著了《课堂研究：数字时代的生活和学习》（*The Class: Living and Learning in the Digital Age*）一书，并且在为撰写该书所做的研究中认为，“我们希望为将家庭和学校学习联系起来的技术找到创造性应用方法，因为学生离开校舍后不会停止学习。虽然在学校使用技术在跟踪学生课堂学习成果方面是最成功的，但是教师们在联系课堂之外的学生时却遇到了一连串的技术困难。然而，这些困难却忽略了更深层的问题：教师们试图将学校课程延伸到家庭，却并未倾听学生的反馈或者发掘和重视学生在校外以兴趣为导向的学习活动。结果遭到了学生们的抵制，他们对教师的努力表示不理解，而且努力不让学校干预自己的私人休闲时间”。

这些观点并非只涉及教师，许多从事其他工作的成年人中也秉持这种观点。加州大学欧文分校教授伊藤水子（Mizuko Ito）在和他人共同编写的《闲散自由：新媒体下的孩子》（*Hanging Out*，*Messing Around*，*and Geeking Out*：*Kids Living and Learning with New Media*）一书中强调，青少年对在线网络和数字媒体的丰富资源有兴趣也有能力去学习，而成年人却对这种能力“缺乏欣赏”。由于新冠病毒感染疫情的危机，大量的社交生活和学习活动转到了线上，这种看法也有所改观，但成年人对青少年使用数字媒体一直有很强的嫌隙。

伊藤说，“这意味着，即使年轻人在游戏和粉丝群中学习如何阅读、做数学和解决问题，成年人也常认为这些活动是浪费时间而不是学习。对于那些非主流文化的年轻人所追求的兴趣领域或者女孩的流行文化，情况尤其如此，所以认识到这种偏见很重要”。

利文斯通对此表示赞同：“年轻人往往充满热情，但要持续学习，他们可能需要来自成人——老师、家长、青年领袖——及时周

到的支持。在《课堂》(*The Class*)一书中，我们一次又一次地看到，青少年追求自己兴趣和深化学习的机会是如何错失的，原因就在于周围的成年人没有注意到青少年提出的试探性要求。这在他们的数字化活动方面尤其如此，成年人对这些活动或置之不理或嗤之以鼻，没有费心思考为什么年轻人会觉得这些活动生动有趣。倾听孩子的声音对成年人来说似乎很难做到，但却尤为重要。给孩子们一些权力去决定自己的方向，似乎也比想象中难得多”。

这就是为什么利文斯通怀疑“向社区开放学校资源，为年轻人创造课外机会来追求自己的兴趣（摄影？制作动图和表情包？成为油管播客？）是否不会更好。也许他们甚至可以教他们的父母和老师一些东西！”与此相关的是，伊藤认为，这“并不意味着学校必须改变其传统课程，但即使是像赞助学校的一个动漫俱乐部或电子运动队，或者甚至是一位老师对流行文化感兴趣或和学生分享这种兴趣，也都可以使一切有所不同”。

她补充道，“我们甚至可以更进一步，让孩子们把这些兴趣带到写作项目、社区服务、数学或科学问题中。当青少年的兴趣和身份得到学校和老师的支持和认可时，即使不是正式学习的一部分，也可能会影响课堂出席率和学习参与度。这一点可以从学校流行的兴趣领域上可以看到，如田径运动和学生会。学校不仅仅是一个正式的系统。对于年轻人来说，人际关系和归属感对其在学校取得好成绩至关重要。”

将数字媒体整合到课程中也有助于增强学生的学习体验，这不仅有助于了解数字媒体的应用方式，也有助于了解如何制作和分配数字媒体。据博伊德的观点，“学生需要理解支撑我们社会科技世界的各种逻辑。学生即使不知道如何编码，也需要理解抽象在实践中的含义。他们需要理解核心算法的逻辑（例如，搜索引擎、推荐、新闻推送），以便他们能够理解这些系统可能存在的偏差。即使他们对统计数据没有复杂的理解，但也需要知道是如何变换数据以推动某些议程的”。

她强调，“要了解我们的数字世界，重要的是要了解外部压力是如何扭曲我们使用的工具的。他们需要了解记者为什么痴迷于点击量、如何设计和销售数字广告、风险资本的金融结构是如何摧毁那些无法规模化的技术的、数据经纪公司是如何运作的，以及如何操控注意力经济。他们还应该了解地缘政治问题是如何影响跨国公司”。此外，博伊德补充道：“当我们仅仅专注于教学生如何编码时，我们便会一叶障目。通过弄清并理解支撑数字生态系统的逻辑，我们便可以帮助学生理解世界是如何构造的”。

但数字文化不仅仅是接触数字。它还应该包括培养对数字媒体监控的自主性，以及屏蔽数字媒体。彼得洛夫斯基认为，“媒体是学习、互动、联络和娱乐的绝佳空间。我不希望它受人抱怨沦为众矢之的。但如万物一般，平衡尤为重要。青少年和媒体学者经常将吸入媒体信息的过程比作营养摄入的过程，虽然这一比喻老套过时，但非常贴切有效。如果我们能在这个永恒联络的世界里和媒体建立一种健康的关系，就能在帮助孩子们激活和发展他们自身的调节过程方面大有作为”。

与彼得洛夫斯基观点相同，利文斯通谈到，她和她的合著人“提出了‘积极的断联’的想法，即虽然数字技术有潜力能够将我们的生活跨时空关联起来，但是学生——有趣的是，也包括老师——并不需要数字技术！他们喜欢处理家庭、学校和同伴之间的关系，而且他们确实希望至少有部分的生活能够摆脱老师和家长的监督”。

博伊德也认为，健康合理地使用数字技术至关重要：“同样的媒体技术可以是工具，也可以是消遣。你可以用纸和铅笔做笔记，也

可以用来涂鸦或制作纸团。作为工具应该以一种教学上合理的方式引入课堂，帮助学生更好地学习或实现其他预期的最终目标。引入这些工具不应该是为了炫耀，也不应该是因为某家公司付费给教师而来使用这项技术。它们应该以更具意义的方式被使用。此外，学校应该帮助学生成为独立的学习者。这意味着帮助他们把科技作为一种工具来工作，而不是简单地把它说成是一种消遣。毕竟，学生在离开教室之时不可避免地使用手机，如果我们想将其培养成为终身学习者，就需要帮助他们和设备、工具和玩具建立一种健康的关系”。

数字化环境下的学校教育已经陷入了一种趋势，即再现之前在获取设备和使用设备方面存在的不平等现象和保守模式。然而，它也为教师、家长和学生提供了学习创新实践的机会——包括通过了解各种媒体如何工作、能够产生数字内容并在数字化环境中与他人互动以及何时断开联系而获得的赋权。这些经验教训不仅能帮助这三个群体，也能帮助整个社会。毕竟，生活需要不断学习。

8 工　作

数字技术的采用改变了我们的工作方式。我们在笔记本电脑的键盘上键入手稿时，软件会修复我们写作时的拼写错误。我们通过电子邮件将文本发送给编辑，编辑将使用内容管理系统发布文本。虽然一些人会阅读纸质版文本，但越来越多的人会使用手机、平板电脑或计算机来阅读。无论他们喜爱与否，都可在社交媒体上分享自己的评论或想法。

这并不是技术第一次与生产商品和提供服务领域所发生的根本变革相关联。但是，在这个时代，人工智能似乎以一种独特而前所未有的方式彻底改变了工作性质，现有的研究强调人的因素在经济数字化方面持续存在，是推动这一过程并限制自动化程度的一种重要力量。

哈佛商学院（Harvard Business School）教授谢恩·格林斯坦（Shane Greenstein）将这一过程置于历史背景中，反对“互联网例外论”，即“认为互联网的运行遵循自己独特的经济规则，和其他重要的历史事件几乎没有共同点。这种观念在20世纪90年代末的美国很普遍，网络公司繁荣时期的参与者和熟悉互联网技术的人都热情地表达了这种观念，并将大部分新的经济收益归功于技术原因。如

果你认真倾听，仍然可以在许多在线论坛上听到这个主题的影子了"。

《互联网如何商业化：创新、私有化和新网络的诞生》(*How the Internet Became Commercial: Innovation, Privatization, and the Birth of a New Network*)一书的作者格林斯坦认为，"这两种类型的互联网例外论都将标准经济分析置于次要地位"。他补充道："连贯而合理的经济解释可以解释（互联网）体验的每一个显著特征。至关重要的是，这种解释可以作为创新课程的基础"。

康奈尔大学（Cornell University）的教授黛安·贝利（Diane Bailey）和加州大学圣巴巴拉分校（University of California at Santa Barbara）的教授保罗·莱昂纳迪（Paul Leonardi）分别研究了将装配线和计算机这两项关键技术应用到不同的职业和行业的问题，得出了一个有关创新的明确教训，而这一点在互联网上并不罕见："决定结果的是管理者如何应用技术和员工如何使用技术"。

贝利和莱昂纳迪认为，"期待新技术——尤其是那些与今天所使用的技术截然不同的新技术——将产生可预测的深远影响，这似乎是合理的。但是，人们使用之后，我们会反复地得出同样的教训：在如何实施这些技术以及技术会产生什么效果等方面，我们事实上是做了很多选择"。因此，创新过程中人为因素的中心地位与其不可预测性密切相关，格林斯坦也强调这是数字技术历史演变的一个关键的经验教训："许多重大创新超出了已知的推测预料，这也是计算机和通信领域的知名公司所没有预料到的"。

贝利和莱昂纳迪还强调了实体共存在当代工作环境中的重要性。虽然新技术使公司能够将工作外包给劳动力成本较低的其他国家，招募虚拟团队，是模拟工作而不是在实际产品上工作，但是"管理者们一直没有意识到远距离沟通和协调的困难性。因此，让员工彼此之间保持距离或远离工作环境进行线上办公常常会导致意想不到的问题。有关离岸外包和虚拟工作的文献都非常明确地建议为工人提供面对面的机会，而且根据我们自己进行的模拟工作，同样建议工作人员应该完成其他任务。这些例子都表明，是有可能让人在世界各地的不同地方工作——从事相互依存的工作的。但是，若能让这些安排妥当，管理者必须了解工作的性质，并为其提供正确的基础设备。这也绝非像给不同地方的人提供基础设备就能使其完美工作那样简单”。

人的作用对于理解数字化环境中的最具未来主义工作元素十分关键：人工智能。玛丽·格雷（Mary Gray）和悉达思·苏里（Siddharth Suri）在其合著的《幽灵工作：如何阻止硅谷建立新的全球底层阶级》（*Ghost Work：How to Stop Silicon Valley from Building a New Global Underclass*）一书中关注“人工智能帷幕背后的人”，即让许多最受欢迎的数字化环境应用成为可能的隐形劳动力。微软研究院的高级研究员兼印第安纳大学的教授格雷说，他们“追踪了在四家不同的交互平台工作的美国和印度员工，这些人从事有关清理培训数据的‘幽灵’工作，而科技公司则使用这些数据来改进搜索结果或内容审核等自动化服务。在这个过程中，我们看到公司不断地让人们参与到一个流程中，让其执行人工智能和软件还不能完成的部分信息工作。人工智能帷幕后的人所做的工作包括给图片标注关键词或者在网上搜索公司地址以纠正数据库条目、电影翻译或者提供电影字幕，甚至提供书面性的健康建议。所以，想想现在所有在零售连锁商店做客户服务支持、帮助制作现场活动或撰写营销材料的人，他们与所有从事相同服务工作的人没有太大区别，只是通过网络按需代劳”。

格雷补充说：“这些人加班是为了收支平衡：他们可能是年轻的妈妈，照顾蹒跚学步的孩子，很难找到兼顾家庭的线下工作。他们

可能是退休人员，只想充实突然闲散的生活。从他们身上我们看到两个共性，随需应变、伴随项目驱动的信息服务经济，这两件事对技术变革和新技术至关重要。也就是说，当涉及快速决策或创造性见解时，他们有能力并愿意努力填补无法与人类相匹敌的技术”。

这就导致了格雷和苏里所说的“自动化最后一英里的悖论”。格雷指出，“任何像我们一样洞察人工智能盲区的人，都会发现一个新的工作世界，在这个世界里，软件监管着计算机无法替代的工人。随着建设者创建系统，将任务从人转移到机器，他们面临的新问题需要通过自动化来解决。例如，只有在网络成为主流之后，脸书、推特和照片墙等公司的在线内容审核的需求才日益增长，超过了自动化审核工具的上限”。

“多亏了这些员工，自动化审核软件变得更好了，但它远非完美。自动化过程在走向完美的过程中不可避免地会遇到挫折，这些挫折为人们提供了新工作。一旦人工智能被成功地训练有素得像人类一样工作时，工人们就会继续从事工程师分配给他们的下一个推动自动化发展的任务。由于终点线随着人们对人工智能新应用的梦想而变化，我们不能确定通往完全自动化之旅的‘最后一英里’究竟在哪里。自动化最大的悖论是，消除人类劳动的愿望总是给人类带来新的任务。我们所说的‘最后一英里’是指人与计算机能力的差距。换言之，技术与其说能提高人类的技能，不如说是迫使我们重新考虑人类对生产力的贡献有什么独特的价值”。

正因为如此，贝利和莱昂纳迪认为，尽管新技术可以在某些任务上取代人类，但我们有充分的理由把这些工作留给人类。因此，他们建议经理们“仔细考量哪些知识和技能对一份职业来说是至关重要的。管理者可以决定由新技术完成自动化或替代许多任务。从一开始，让人们持续钻研技术使其更快、更具经济效益似乎是不合理的。然而，从长远来看，对某些知识和技能的维护，再加上人类的直觉和意外发现，可能有重要的新创新”。

格林斯坦为公立和私营部门提出了基于人而非算法的方法。“从政策角度来看，我认为有必要揭露犯罪行为、减少厌女症、干预毒品交易和人口贩卖……至于私人企业，我建议公司应该聘请社区管理专家，培训人员来解决相应问题，而不是依赖算法”。

格雷描述了那些从事组织、调整、标记和分发内容这样虚拟工作的工人得到的薪金是如何低于平均水平的，他们没有病假或产假，甚至没有医疗保险。她认为，“我们能做的最重要的政策干预是：让工人发声，并以他们为鉴，即工人应获得劳工保障，他们的工人福利如病假、产假、医疗保健、再教育学分、工作工具以及退休金等应该随着他们的工龄而累积并由所有从点播服务中获利的人进一步承担投保”。

格雷继续说道：“工人在获取相应薪金福利的同时付出了个人最具价值、与众不同的创造力以及辨别沟通所见所闻的能力，而机器人永远无法与之比拟”。在日益数字化的工作世界中，人类远远不是机器上的齿轮，相反更具价值。

9 约　　会

他们在 Tinder 上滑动。这是一种交友配对的过程。他们出去玩得愉快。他们在其他社交媒体平台上寻找对方，给对方的帖子点赞。他们会交换 WhatsApp 号码，然后再次外出，并在照片墙上发布合照。一切都进行得很顺利，直到一个厌倦的眼神、一个漠然的回应，或者出现一个根本性的分歧，这段关系就结束了。一方会发送一个“我们需要谈谈”这样的预兆性信息，或在社交媒体上屏蔽对方，然后再次下载 Tinder，数字求爱就又开始了。

Tinder 每周在全球范围内安排 150 万次初次约会。这款约会交友应用程序也仅仅只是众多约会软件中的一个。Happn、Grindr、Match、OkCupid 和 Bumble 等平台也改变了人们的见面方式。脸书是全球最大的社交媒体平台，利用平台数百万用户的优势，已经在研发约会交友的功能。脸书约会，正如其名，该功能旨在建立长期关系，而不是一夜情。

使用这些应用程序是如何改变我们的婚恋生活的？第一次线下见到约会对象和第一次在智能手机屏幕见到约会对象有何区别？人类制作了旨在吸引潜在约会对象的约会程序，那么这些约会程序和人类的吻合度有多高？最后，结束一段关系时，数字技术发挥什么作用？数字社会科学也可以为孤独的人服务，为这些问题提供答案。

密歇根大学（University of Michigan）教授尼科尔·埃里森（Nicole Ellison）与同事们研究了人们在约会应用程序档案中对自己的描述。她解释道，这些服务"相比传统的面对面的环境（如酒吧或聚会），增加了潜在伴侣，个人也能获得更多关于潜在伴侣的信息"。

美国西北大学（Northwestern University）教授、人际吸引力专家伊莱·芬克尔（Eli Finkel）对此表示赞同，他指出，约会应用程序"彻底改变了我们寻找伴侣的方式。过去我们只通过现有的社交网络来认识伴侣，而在线约会极大地增加了潜在伴侣的可获得性"。

然而，这位专家指出，应用程序有助于约会过程是存在技术限制的："人是三维的，我们很难从二维的展示中对他们产生感觉。但我们仍在研究人的独特特征。更为丰富的计算机介导选项——如实时视频聊天——能在多大程度上弥合这种差异，我们目前还不完全确定"。

他补充道："第一次见面后，线上约会的影响要小得多。可以肯定的是，由于潜在的伴侣很多，人们不愿与冷淡的伴侣继续约会，但考虑到约会圈的性质，这种变化显得微不足道"。

此外，芬克尔认为，算法无法有效预测两个人能否相处融洽，因为"一段关系是一个实体，和所涉及的个人在很大程度上是不同的。一旦两人在一起就会出现浪漫的化学反应，但这似乎不可能提前预测。看似合理的条件，如相似或互补，并不能起到作用。"

此外，算法是基于参与者所提供的信息，而这并不完全准确。埃里森将 80 名在线约会参与者的实际体重和身高与他们在个人资料中的描述进行了比较。她发现男性倾向于虚报身高（平均增加半英

寸），而女性倾向于少报体重（平均 8 磅）。[①]

这些偏差很小，因为正如埃里森所解释的那样："我们希望在个人资料中展现最积极的自我……但我们也不希望被看作是一种欺骗，这将损害我们发展关系的机会。我们也想在人际关系中保持真实，知道人们喜欢真实的我们——而不是一个编造的骗局"。

然而，那些使用约会应用程序的人通常也有社交媒体档案，正如埃里森所说，"这些平台上的联系人所提供的反馈会中和我们的选择性自我介绍以及社交媒体上的身份标签。"此外，"人们为他人展示的可能是在面对面见面时所期望展示的自我。由于社交媒体平台不同，人们在交朋友时可能已经见过面了，或者他们可能从未计划见面"。

科技不仅在开始一段关系上发挥作用，在结束关系时采用技术也会增加可选择的方法。印第安纳大学布卢明顿分校教授伊兰娜·格尔森（Ilana Gershon）著有《分手 2.0：新媒体下的分手》（*The Breakup 2.0: Disconnecting over New Media*）一书。她在这本书中探讨了在社交媒体时代分手的困境："有了所有这些结束恋情的选项，人们如何决定用新的方式来结束恋情则变得重要。你可以使用各种各样的媒体来沟通分手所涉及的所有复杂任务。因为选择非常多，所以你用来传递的诸如'我想收拾东西'等信息的媒体现在则有了新的意义。此外，一旦关系结束，你还需要做出新的决定。比如，你怎么处理脸书上的恋爱痕迹？你会删除你们俩的合影吗？你会删除他们的帖子吗？而且你的手机里还有他们的电话号码——你是否删除了这些号码，以免在你脆弱或喝醉时给他们打电话？"

尽管有很多选择，但几乎每个为格尔森的书而接受采访的人都"认为，面对面地结束一段关系是最理想的方式"。这位人类学家解

① 半英寸约为 1.27 厘米；1 磅合 0.4536 千克。

释说，尽管理想方式仍然是面对面的分手，“但是，现在通过电话或视频聊天的方式分手，要比 15 年或 20 年前更容易被接受。因为你有各种不同的结束关系的选择——比如短信、色拉布（Snapchat）、脸书、电子邮件、推特等进行实际的口头对话，即使不是面对面，现在也被广泛接受”。

分手后，社交媒体会提供我们可能不愿接触的信息。格尔森评论说：“分手时，你常常想知道对方到底在想什么……有了这些新的沟通方式，你常常会觉得自己可以找到答案，如果你只是查看他们脸书的个人资料，你可以知晓他们失去这段关系是感到放松还是沮丧。所以，人们会进行大量的虚拟跟踪……但这并没有提供他们希望得到的结果”。

约会应用程序的档案上有选择性的展示、无效的算法、WhatsApp 上的分手记录，以及那些甩了我们的人在社交媒体上几乎不可磨灭的痕迹。在网上寻找约会或恋爱对象时，专家们有什么建议？

芬克尔很乐观：“只管去做。不要花大量的时间试图找出谁适合你，因为你无法从个人资料中看出这一点。利用网上约会来扩大交友范围，但之后要尽快线下会面，喝杯咖啡或一品脱啤酒，看看是否能擦出火花”。

格尔森研究了浪漫故事的结局，对分手提出两个关键的建议：“要意识到，人们使用媒体时想法各异。有的人会认为，发送短信意味着他们所发送的信息并不非常严重，也可能意味着应该转为面对面交谈了。你可能还应该考虑一下分享给对方登录你的社交软件账户的方式——这将是更改密码的好时机，从我采访的人中得知，分享过的密码在分手时几乎总是会成为一个麻烦”。

虽然过去我们使用其他通信技术，如信件、报纸上“失去联系”

的版块和电话来寻找、维持和结束恋爱关系，但数字化环境的出现已经改变了游戏规则。如今，数字媒体通常在我们如何搜索约会对象、发起联系、安排第一次约会、在恋爱过程中沟通，甚至使用应用程序或在平台上分手方面扮演着重要的角色。21 世纪的爱情，似乎就像数字化环境下的爱情。

第Ⅲ部分　休闲娱乐

体育、娱乐和新闻，这是我们追求休闲兴趣的三种常见方式。因此，它们因设计、应用和使用数字技术而受到影响也就不足为奇了，而数字技术则引发了一系列应用程序的重大发展。本部分思考了这些过程是如何与第 1 章中所概述的数字化环境的定义特征相联系的，并讨论其中一些主要过程。

数字新闻的出现是思考整体性概念的一个良好起点。在过去的印刷和广播新闻时代，人们习惯于打开印刷报纸或收听新闻广播，关注其中的内容，看完后离开，然后查看新闻。如今，由于生产和分销基础设施互联互通，再加上智能手机和社交媒体的高度渗透，出现了一种霍梅罗·吉尔·德·祖尼加（Homero Gil de Zúniga）及其同事们所称之为的“新闻找我”现象：只要我们设备是开机的并且是始终登录各种平台的，那么就不需要去获取新闻，新闻会通过短信、提醒、帖子和微博推送给我们。可以说，电视娱乐的消费也是类似的。过去，通常在非工作时间和地点，使用起居室和卧室中的一个独立的人工制品所发生的事情，而现在能——而且通常也是如此——在工作、在学校或在运输途中，在任何时间和任何地点的诸多平台上上演这一场景。难怪刷剧的人越来越多。

任何一种技术及其部署都为社会所构建，也受社会影响，这两种动态构成了数字化环境的二元性。正如雷冯·福奇（Rayvon

Fouché）在第 10 章中所指出的那样，创立体育技术旨在提高运动员的竞争力，使其超越自我。此外，一旦运动员和团队采用了某一特定设备，往往产生后果，并且会超出任何特定运动员的能力范围，从而进一步改变比赛。在同一章中，哈里·柯林斯（Harry Collins）指出，类似的动态也适用于日益流行的视频助理裁判（VAR）技术：该技术的设计理念是对特定运动做出特定假设，并设为默认的常规现象，因此该技术对特定比赛进程有着极重的信息渲染能力。

数字化环境的二元性往往与不可避免的矛盾冲突联系在一起。这是因为，作为某一群体最为基础的设定对其他群体可能不是理想的——有时甚至是有害的，因此，是有争议的。在第 11 章中，艾玛·吉恩·克里斯蒂安（Aymar Jean Christian）认为好莱坞体系具有排他性，在线平台具有包容性，而边缘化社区则利用这种包容性讲述自己的故事。通过分析排他性和包容性之间的紧张关系，他提醒我们要关注上述的动态机制。布伦达·埃尔西（Brenda Elsey）在第 10 章中指出，社交媒体的兴起也使得另一个历史上因父权制偏见（与男性足球机构的经济优势相关的）而被剥夺权利的女子足球运动员这一群体重获关注。而女子足球运动员的新崛起又遭到了体育当局和管理机构的抵制，这不但没有降低冲突的程度，反而加剧了冲突。直至目前，这一发展态势仍不明确。

为撰写这些章节而采访的作者指出，这样和那样的矛盾冲突远未得到解决。因此，就新闻而言，维克多·皮卡德（Victor Pickard）在第 12 章中指出，当前主流媒体的二元政治和经济危机为社会提供了一个机会，让社会“重新思考新闻业能够做什么以及应该怎样做，从而来重组和重新设计其新闻媒体系统”。电视的未来也是不可预测的。这一领域的产品数量、流派创意和观众兴趣都有意想不到的增长，与人们预想的没落景象截然不同。就体育而言，数字技术从设备到训练，从游戏到交流等各个领域的应用都有了显著的增长，这与几十年前不敢设想的诸多变革息息相关，这也足以印证社会生活的舞台中数字化环境的不确定性。

体育、娱乐和新闻也回应了由来已久的社会追求：为自己的球队欢呼雀跃、因精彩的故事而动容鼓掌、实时关注周遭轶事。这些特质仍存于数字化环境中，即使形式会变化，内核也恒久不变。

10 运 动

职业体育在当代社会的集体印象中占据着特殊的地位。人们几乎时时刻刻地关注着职业体育。过去几十年里，由于通信技术的创新，职业体育已成为一个价值数十亿美元的高度全球化的行业。人们痴迷于体育运动是基于它完全展现的是人类最纯粹的体能这一观点，是个人（或团队）功绩的巅峰。媒体关注运动员以及团队的胜败，因为这是人们价值观高度统一的追求。虽然这一宏大的追求具象化在每一件渺小的竞技中，但是我们尊崇相关的人和事，这也为我们与亲朋好友提供了茶余饭后的谈资。

但是，职业体育是否纯粹是人类能力的表现，而完全没受科技影响？他们是否也是精英统治的原始典范，没有受到社会生活其他方面的不平等的影响？换言之，正如我们在前几章所论述的，技术发挥着本质性的作用，可也出现了不平等现象。这些是否会影响到职业体育，职业体育是否会超出了数字化环境的范畴？为了回答这些问题，我们来看看技术和不平等是如何与职业体育比赛、裁判以及沟通互动联系在一起的。

正如历史所鉴，职业体育与科技之间的关系在数字化环境中并非新鲜事。普渡大学（Purdue University）教授雷冯·福奇（Rayvon

Fouché）在《游戏规则改变者：体育科技革命》（*Game Changer: The Technology Scientific Revolution in Sports*）一书中记述了科技在1954年德国队战胜匈牙利队赢得国际足联足球世界杯决赛中的重要性。中场休息时开始下雨，而德国队球员有一个至关重要的优势：阿迪达斯的鞋子可以让他们把普通尺寸的鞋钉换成更长的鞋钉。原本由传奇人物费伦茨·普斯卡斯（Ferenc Puskás）指挥的匈牙利队是该届锦标赛中表现极佳的球队之一，但面对德国队科技优势时无以对抗，最终以2比3输掉比赛。

这个例证不过说明了福奇的论点，即"体育运动本身的平等和公平一直是一种幻觉。体育从来没有过分关注平等和公平。胜利是终极目标，成功的运动员需要不断超越那些失败的运动员。但总的来说，体育爱好者不愿意承认这一事实。他们普遍认为每个运动员或球队都有平等的获胜机会。尽管体育爱好者意识到参赛者的技术、天赋和能力可能会有很大的差异，但也愿意相信一切都是公平的。然而，我的研究认为，体育本质上是通过合法或非法的手段尽可能获得和保持最大的竞争优势。这一事实藏匿在耳熟能详的英雄故事中，这些故事皆蕴含这样的观念：冠军和优胜者是运动员通过努力拼搏所得的"。

福奇补充道："当科技为运动员提供的不显眼的优势变得很明显时，就很难坚持这种精英主义的理想。例如，2019年10月12日，埃吕德·基普乔格（Eliud Kipchoge）成为第一个在不到两小时就跑完马拉松的人。但这一壮举的伟大之处受到了质疑，因为他穿着耐克 Air Zoom Alphafly NEXT% 原型跑鞋。这些鞋早已被证明是能让运动员跑得更快的有力工具。随着我们看到更多像耐克鞋这样的例子，技术科学的力量极易破坏我们对体育公平和平等的看法"。

技术的使用还与不同体育比赛中仲裁纠纷方式的变化有

关。卡迪夫大学（Cardiff University）教授哈里·柯林斯（Harry Collins）与罗伯特·埃文斯（Robert Evans）和克里斯托弗·希金斯（Christopher Higgins）合著了《糟糕的判断：技术对裁判和裁判员的攻击以及应对方法》（*Bad Call*：*Technology's Attack on Referees and Umpires*）一书，并在该书中对这一问题进行了分析。哈里·柯林斯认为，"科学和技术受到广泛误解。人们认为测量是精确的，而从事实践工作的科学家和工程师知道总是存在误差的。问题在于，如果你是在'销售'一项新技术，解释误差是有害无利的。相反，你必须将你的产品包装成无所不能"。

他解释说："当我试图解决在英超联赛中引入视频助理裁判时所发生的一些奇怪事情时，我举例说明了关于爱国者反导导弹和星球大战的旧论点的一些问题——出于政治和商业影响考虑，爱国者导弹必须被描绘成能够100%有效地击落伊拉克飞毛腿的形象。但我认为体育当局并不了解足球裁判的本质，这是一种实时的专业技能，就像传中一样，而不是一个可以衡量的准确性问题。视频助理裁判现在似乎让裁判们麻痹瘫痪了，他们表现得就像害怕在希思罗机场附近的某个地方工作时被人长时间的监督检查，这就有些因噎废食了。因此，在手球和点球等问题上就频频出现令人瞠目的判罚失误。然而，更令人无助的是，似乎没有一个既权威又熟知规则的人能判定公正与准确之间的区别，并指改错误"。

科技还与媒体刻画的体育及其在社交媒体上的传播影响息息相关，这是日常生活中体育体验的两个核心方面。霍夫斯特拉大学（Hofstra University）教授布伦达·埃尔西（Brenda Elsey）与约书亚·纳德尔（Joshua Nadel）合著了《未来时代：拉丁美洲妇女与体育史》（*Futbolera*：*A History of Women and Sports in Latin America*）一书。她在该书中认为，持续的不平等动态一直是体育传播的核心。

她以女子足球为例说明了这一点。埃尔西说："媒体和足球机构之间的关系一直比其他领域更紧密"。"但问题是，媒体认为女子体育发展缓慢，可以追溯到20世纪90年代。然而却忽略了女子运动发展中的不平等，还不断辩驳情况有所好转。但是，除美国和欧洲外，女子足球运动员的状况并没有得到改善。有一种说法是社区、国家对男子足球的认同度更高，它有传统历史，而女子足球没有。认为女子足球的建立只是迎合了市场，却忽视了国家对男子足球的大量投资——无论是投资俱乐部还是体育场"。

然而，最近"社交媒体帮助球迷们了解女足，形成线上的兴趣部落，并吸引新的球迷来观看这项运动。社交媒体还传播各国信息，帮助巴西球星克里斯蒂安通过照片墙与世界各地的球迷联系，抗议女子球员联盟的待遇。对一些人来说，社交媒体提供了赞助机会，比如付费发帖。然而，赞助有其自身的附加条件，侧重于作为企业家的运动员，特别重视'性感'外表。同时，社交媒体也揭露了一些问题。当（阿根廷球员）马卡雷纳·桑切斯（Macarena Sánchez）因被俱乐部开除而提起诉讼时，社交媒体强调了正在发生的虐待行为以及足球职业化的必要性。然而，在社交媒体上，她却不断受到欺负，甚至收到死亡威胁"。

运动员、裁判员、当局和各种体育运动的爱好者可以做些什么来扭转科技在体育实践、仲裁和交流中造成的不公平？福奇建议，"运动员、教练和培训师要深入思考科学技术能为竞技秀带来什么，以了解体育不仅仅是一项体能运动。球迷、管理组织和体育设备设计人员与体育运动关联紧密，都渴望新兴高科技设备，以使体育延续他们的文化信仰并不断追求真理。所有投资于体育的人和机构都希望有良好的竞争，但必须记住，这并不意味着公平或平等。"

柯林斯再次谈到数字媒体在足球裁判中的使用。根据分析，他

提出了一个解决方案，以解决与实施 VAR 技术相关的难题，该技术将带回人类的创造力。“在我看来，用视频助理裁判解决所有这些问题是如此简单。只要把权力交还给现场裁判，在球场的大屏幕上播放回放就行了。所有现有的技术可以持续提供回放，只看一些提供给裁判和观众但没有虚假测量的回放。然后裁判会判定是否犯了错误。虽然不是完美的，但会是公正的。在测量、体育和法律方面，所谓的完美是无法企及的，但你必须将人们为达完美所做的努力透明化，这也能彰显正义”。

埃尔西强调，需要消除男女足球运动员待遇上的不平等。因此她“将把责任推到俱乐部董事、国际管理机构和国家体育机构的肩上，为运动员创造更好的条件。这也同样适用于学院体系。正如我们在弗拉门戈学院（Flamengo academy）的火灾中看到的那样，对男孩的剥削同样是女孩所要面临的（2019 年 2 月在巴西有 10 名 14~16 岁的年轻球员死亡）。我不会指望女子足球能复制男子足球的一切，但我们仍需要弄明白的是：我们希望拥有什么样的足球，它的社会功能是什么？”

与职业体育被认为是纯粹的精英统治以及没有不平等和科技掺杂的人类竞技场的神话不同，上述描述证明了不平等和科技在当代生活的核心运作中发挥着重要作用。球员和球迷、经理和裁判、记者和管理机构应该肩负制定规则和程序的责任，以避免不平等的加剧，并使职业体育比赛、裁判和人际沟通和技术要素之间的关系透明化。数字化环境中的日常生活质量将从中受益匪浅。

11 电视娱乐节目

互联网的出现曾被普遍认为证实了众所周知的事情：电视注定要完蛋了。然而，情况却恰恰相反。在数字时代，视听小说内容的数量和种类，以及格式和类型的创新程度都有了显著增长。

数字平台上视听小说的消费量增长惊人。根据在线数据库JustWatch的数据，截至2020年5月，全球所有提供商的内容总计超过126000个标题，其中很多都是有几十集的剧集。此外，网飞用户平均需要4~6天的时间观看完最受欢迎的电视剧的每一季新剧集，具体时间取决于剧集类型。恐怖片、惊悚片和科幻片是最受欢迎的剧目：平均每天吸引观众两个半小时。这些天来，不仅新内容受到了大量关注，重播量也异常可观。例如，2018年，美国5660万网飞订阅用户总共花了520亿分钟观看了2013年最后一季的《办公室》（*The Office*）。

在讲述哪些故事、如何讲述、由谁主演以及剧集质量和创造力方面也有所提高。从连载两季关于银行抢劫故事的西班牙热门连续剧《金钱抢劫》（*Money Heist*），到创建开放电视这样一个美国有色人种和同性恋群体讲述自己故事的独立平台，电视小说的内容都有了高水平的创新。

为什么对电视的前景的预测却转悲为喜了呢？未来可能会出现哪些挑战？对数字时代这一媒介的变化状态所做的研究表明，作为旧时媒体的电视，其历史轨迹对于了解当前形势以及预感未来发展都非常重要。昆士兰科技大学（Queensland University）教授阿曼达·洛茨（Amanda Lotz）撰写《消失的广播：有线电视如何改变电视，互联网如何彻底改变一切》（*We Now Disrupt This Broadcast: How Cable Transformed Television and the Internet Revolutionized It All*）一书关注的是美国有线电视的案例。她认为“有线电视频道扩大了美国商业盈利的方式。有线电视采用了不同的收入模式——收取订阅费和广告资金——因此，制作电视剧的价值要高于吸引更多的观众。有线电视频道经过多年的发展，形成了制作有脚本的原创电视剧集的策略，这为最新发行技术——互联网发行——提供了先例，也为新兴的门户网站的策略提供了先例”。

有线电视的作用首先是随着网络的出现而加深，随着油管等平台的出现，又进一步得到加深。西北大学教授艾玛·吉恩·克里斯蒂安（Aymar Jean Christian）撰写了《开放电视：超越好莱坞的创新和网络电视的兴起》（*Open TV: Innovation beyond Hollywood and the Rise of Web Television*）一书。他认为，“好莱坞诞生于20世纪初，当时美国大多数人因种族、民族、国籍、残疾、性取向等原因被剥夺了权利。这一遗产一直伴随我们。像电影和电视这样的高风险、高投资行业中，昔日的成功和雇佣是获得工作的唯一途径，而工作基本上是留给白人、异性恋、顺性别、受过高等教育的男性。几十年来，女性和有色人种一直被排除在制作和发行之外，但在20世纪90年代，他们开始积极地在互联网上讲述和证明自己的故事的价值”。

克里斯蒂安坚持认为，这一过程“随着21世纪中期视频流和油管的出现而加速。独立制片和发行让那些历史上边缘化的人能够展示他们在讲述故事、吸引观众以及作为赞助商为品牌创造价值等方面的技能。网络本质上是给历史上代表性不足的社区提供了获得行业内难以获得信用的机会，同时还有培养观众的额外好处，这也成为了创意媒体中一种越来越难以捉摸的商品”。

油管不仅是一个在线视频存储库，也是一个社交媒体平台。这些技术的发展为当代电视行业增添了另一层创新。根据洛茨的说法，“社交媒体无疑已成为一种重要的宣传工具和方式，让观众了解电视剧并分享视频片段。考虑到该行业的其他变化——例如，电视节目表的衰落——社交媒体及其类似兴趣的人分享和讨论喜爱节目的能力变得非常重要，因为互联网发行服务提供了节目库，并降低了观看的活跃度”。

克里斯蒂安表示赞同：“根据数十年来关于社交网络中个人沟通价值的传播理论，社交媒体会影响口碑。这对于电视节目寻找观众来说越来越重要，因为美国和全球有许多节目在制作”。

他补充道：“不同的平台为用户提供了不同的参与机会。脸书可以在线直接观看剧集，推特通过对话讨论提高知名度，照片墙为网络和个人创作者提供品牌推广机会。像汤博乐这样的匿名的、个性化的平台对公司来说更难用于营销，但却是热情粉丝的聚集之地，这对节目的长期受众至关重要。社交媒体上有影响力的人积累了大量的观众，他们是网络中的关键节点，营销人员经常利用他们来推广特定的内容，不过更多的时候是用于电影等交易性产品”。

洛茨敦促我们不要忽视其他重要的差异，例如各种基于互联网的选项之间的差异。她说：“人们倾向于认为所有互联网上发布的视频都是同一个行业的一部分，但即使在这一点上，我也会认为油管与网飞、亚马逊视频等门户网站有所不同”“这些门户网站精心策划了图书馆，并付费许可或开发提供节目，而油管则相对开放。油管

尽管发行视频，但和推特、脸书等其他社交媒体平台是一样的。油管采用了很多社交媒体的逻辑，同时将相关的特征理论化并作为依据。脸书正在进行的脸书直播和许多直播服务都是从社交的角度进行理论分析的。但社交媒体并不是网飞或亚马逊视频等门户网站的核心内容，更像是基于开发和流通知识产权的传统媒体行业的一种新的分发技术”。

电视小说的未来会是什么样子？洛茨认为，“目前的多元化将继续下去，因此线性和非线性服务将共存，但会有更多的专业化。这在很大程度上取决于互联网政策。美国取消网络中立条款将对减少备选项、增加开设门户网站的成本产生重大影响”。

克里斯蒂安还强调了网络中立性对未来电视的重要性。“废除网络中立性将损害独立游戏领域和新市场的开放性。网络中立性确保内容在整个网络中被平等对待。虽然油管等平台已经在实施内容鉴别和审查，但丧失网络中立性可能会为不断感到控制成本和竞争压力的企业集团之间激烈的反竞争行为打开大门”。

他补充说：“不管有没有吴修铭（Tim Wu）所说的网络中立性的‘总开关’将独立开发者从发行渠道中隔离开来，大型媒体公司都拥有锁定消费者观看自己高价值节目所需的所有资产”。

此外，两位学者都强调，跨国动态可能会影响内容的流通和本地访问。洛茨认为，“如果卫星或移动数据能够在十年内成为有线家庭互联网接入的竞争对手，那么必将产生重大影响，并可能创造一个更具竞争力的环境。同样，这些动态的细节因国而异”。

从更普遍意义上讲，克里斯蒂安指出，“随着俄罗斯创建自己的互联网，中国政府权力的不断增加，以及民族主义的普遍趋势，我们还无法想象互联网在更强大的地区或国家边界下会是什么样子”。电视娱乐过去的轨迹、当前的状态和可能的未来场景应该为媒体高管和内容创造者的行动提供信息。

在洛茨看来，“高管们需要跳出固有的思维模式，重新设想他们的业务，思考如何通过互联网发行来帮助他们改善观众的体验，然后开发相应的服务。他们应停止将电影、电视和‘数字’划分为不同的类别，打消我们会回到过去那种千篇一律的电视环境的固有思维。思考一下新技术提供的工具如何提供多样化的观众体验（线性和点播）和收入模式（广告、订阅和公共服务），从而提供更好的发展方式”。

克里斯蒂安关注的是这些高管与内容创造者的关系。他敦促前者“投资于所有生产规模的研发，避免只依赖特许经营权的陷阱。新兴人才有很大的价值有待挖掘。如果没有从行业边缘培育出多样性和真实性，媒体公司将继续在全国和全球范围内追逐文化的相关性，而不是乘风而上”。

他告诫创意界人士，“无论市场走向如何，制作真实、具体的故事总是能很好地服务于他们。尽管如此，面对竞争日益激烈的市场以及日益上升的企业集团的主导地位，我鼓励创意人员相互合作，建立独立的组织。可以通过创建独立的制作公司和网络、工会和集体谈判或工人领导的组织，或以社区为基础的倡导团体，都可以”。

洛茨还强调了创新类型的价值，即“突破界限，挑战所有导致这种现有狭隘叙事环境的行业知识。广泛的发行技术和收益模式使得更大范围的内容可行。他们还需要直言不讳地说出行业实践的变化对他们的影响，而不是认为创造机会必须以个人财务成本为代价”。

从有线电视的变革性和不可预见的影响到历史上被边缘化的声音有越来越多的发声机会，从监管选择的中心地位到社交媒体上受众的作用越来越大，电视的当代重塑表明，数字化环境不仅是由最

新媒体构成的，还能够有效地融合旧媒体。正如城市的现代化往往建立在先前旧基础上一样，数字化环境是由新颖的媒体格式、实践和监管的混合体塑造的。即使经历了所有的阴霾和厄运，媒体革命仍可能在电视方面有所表现——至少在可预见的未来是这样。

12 新　　闻

数字新闻发展的特征是技术和编辑创新与经济和政治挑战并存。从过去通过 BBS 系统传播新闻，到手机的应用程序和 TikTok 上的信息，数字新闻经历了重大变化。

这一演变有不同的阶段。利兹大学（University of Leeds）教授克里斯·安德森（Chris Anderson）建议将过去 25 年分为 4 个阶段。第一个时期是“从 20 世纪 90 年代末到 21 世纪初，即‘参与式’时代，当时大多数评论员和新闻编辑部经理都对互联网新浪潮可能改变传统新闻业而感到兴奋并展开积极讨论”。

宾夕法尼亚大学（University of Pennsylvania）教授维克多·皮卡德（Victor Pickard）认为，第一阶段“始于独立媒体时刻……当时许多人认为，广泛的线上参与意味着任何人都可以是‘媒体’”。哥伦比亚大学（Columbia University）教授迈克尔·舒德森（Michael Schudson）表示，将技术授权和数字工具的使用相结合，共同完成一系列新闻任务，“所耗费的时间和资源（除了笔记本电脑和互联网接入）比以往任何时候都要少”。

舒德森补充道：“我从未忘记当时的《纽约时报》（*New York Times*）媒体记者大卫·卡尔（DavidCarr）在耶鲁法学院的一次会议

上所做的手势……当时他离开讲台，回到演讲者的桌子上，拿起笔记本电脑举过头顶，说道（我转述一下，我记不起他确切的话）‘我现在掌握的报道资源比我在数字时代之前工作过的任何编辑室都多，包括在《纽约时报》’，毫无疑问的是，卡尔是对的”。

然而，安德森认为，“从2006年持续到2010年，我称之为‘危机时代’，之前的相对乐观的时期在第二个阶段消失了”。这场危机的标志是人们承认了这种高度依赖广告收入的媒体商业模式是存在着许多问题的。

卡迪夫大学教授卡林·沃尔·约根森（Karin Wahl-Jorgensen）提供了一些关于这场危机深度和广度的惊人数字：“自2005年以来，英国超过245家报纸停刊，印刷发行量减少了一半，同期广告收入下降了75%”。

这位学者分析说：“新闻行业的危机对地区、当地和社区的报纸行业产生了特别显著的影响，自2005年以来，英国地区记者的数量已经减少了一半。这尤其影响到了富裕地区和人口密度高的大都市中心以外的社区”。

安德森表示，这场危机在数字新闻发展的第三阶段进一步恶化。安德森评论道：“从2010年年初一直持续到2016年，我称之为‘平台时代’。在这个时代，我们意识到问题不在于记者有太多的竞争对手，而在于他们面对的是脸书。问题不是自主竞争，而是垄断”。

乔治华盛顿大学（George Washington University）教授西尔维奥·维斯伯德（Silvio Waisbord）认为，这种演变侵蚀了媒体传统的守门人角色。“社交媒体和互联网搜索引擎（主要是谷歌）的出现和合并取代了新闻网站，成为获取新闻和吸引公众注意力的入口。这给新闻经济带来了深刻的转变，也加剧了报纸公司的问题，使其只能靠来自私营部门的广告收入来生存”。

安德森坚持认为，从第二阶段到第四阶段，这种模式有所加剧，“这一阶段开始于英国脱欧和特朗普当选前后，我称之为‘民粹主义时代’。这一时期开始从经济问题转向政治问题。”皮卡德补充道，“脸书和谷歌等平台垄断企业的主导地位及其监控资本主义的做法造成了许多的社会危害，从传播错误信息到侵犯我们的隐私，再到让新闻媒体制作人难以为生”。

然而，这些经济和政治问题并没有阻止技术和编辑创新的进程。耶路撒冷希伯来大学的教授肯恩·特南博伊姆·温布拉特（Keren Tenenboim-Weinblatt）认为，时间透镜有助于理解这一创新。“一方面，数字文化将即时性的价值及其需求推到了新闻生产的前沿。推送通知，和使用推特和其他社交媒体发布突发新闻等发展强化了这一趋势，并进一步缩小了事件发生与报道之间的时效性差距”。

“与此同时，”她补充说，“数字档案的日益普及，以及先进的计算和可视化工具，促进了数据新闻和其他形式新闻的发展，也让我们可以了解过去、预测未来”。伊利诺伊大学厄巴纳－香槟分校（University of Illinois at Urbana-Champaign）教授尼基·亚瑟（Nikki Usher）赞同数字化发展在编辑创新实践中的中心地位：“很明显，数据驱动的新闻和多媒体长篇新闻，至少在形式上已经成为讲故事的最重要方式之一”。

这些创新发展与经济可持续性和促进民主生活的挑战共存。因此，安德森认为“数字新闻面临的主要挑战仍然是，一条新闻的受欢迎程度与其产生的收入之间没有真正的关联。虽然美国的新闻流量不断创纪录，但是每天的收入却在进一步下滑”。

皮卡德坚持认为，“这一危机时刻也是一个令人兴奋的机会，让我们重新想象新闻业可以和应该是什么样子……社会现在有机会重组和重新设计新闻媒体系统”。因此，这些专家赞同重新考虑媒体在

民主进程方面的影响。维斯伯德表示，“为了吸引公众关注，就必须无休止地争来抢去；这就意味着各种不同种类的内容——这些内容与政府和民主理念并无明显联系——往往受到新闻的受众、生产机构和媒体平台的追捧；在此情形之下，我们必须对有关新闻业影响力的理念进行转变，使之超越政治新闻所带来的条条框框”。

影响政治生活的两个关键因素：信任和包容。特南博伊姆·温布拉特“非常担心新闻媒体受到日益民粹主义和两极分化的政治环境的不断侵蚀。恢复这种信任是数字新闻面临的巨大挑战，而当前的冠状病毒危机实际上可能提供了独特的转机”。

然而，这一转机与数字媒体接触广泛公众的能力息息相关。亚瑟看到了实现这一目标的障碍：“市场对高质量新闻制作人的重压产生了一个比往前更糟糕的分层新闻生态系统——这就是我所说的富人、白人和守旧派新闻”。

这位学者对数字媒体以包容性的方式吸引受众的能力持保留态度。“无摩擦共享的时代已经结束。新闻机构服务将迎合付费的全球精英阶层”。

维斯伯德认为，媒体的未来不是枯乏单一而是纷杂繁多的。“由于经济或管理上的优势，我们正朝着少数几个全球性或区域性的新闻公司迈进，这些公司可以进行权威和创新的新闻报道；一批从事高质量新闻工作的小型数字公司（由慈善、捐赠和其他活动支持）；还有数百家困难重重的公司，它们要么在特定的政治环境下生存（与执政者结盟），要么由同一家大公司接济补贴。没有单一的新闻业，只有或支离破碎、分裂，或贫富有别的新闻业”。

沃尔·约根森（Wahl-Jorgensen）认为，“新冠病毒感染疫情将严重影响这些未来形式。一方面，我们看到新闻媒体，无论是传统机构还是数字化原生提供者，在面对毁灭性危机时，有着至关重要的提供信息之用。另一方面，新冠病毒感染疫情的经济后果可能会进一步加剧新闻业面临的挑战”。

在皮卡德看来，这就是为什么“我们应将新闻重新定义为一种公共服务，而不是一种商业产品。我们需要考量如何将新闻业彻底民主化。新闻业的重塑不应只涉及企业、富人或政府。我们需要认真思考新闻业以及民主所需要的物质条件和结构条件”。

尽管对数字新闻的分析长期以来将主导作用归因于技术因素，但舒德森认为，在这一重新定义数字新闻的过程中，人的因素将是关键。舒德森［他的书《发现新闻：美国报纸的社会史》（*Discovering the News: A Social History of American Newspapers*）1978年首次出版，至今仍是现代新闻社会史的权威著作］认为：“我非常确信的一件事是，数字世界的技术本身不会决定结果——随着时间的推移，不断变化的技术将提供一系列不同的机会，但不同的政治制度、经济动机、社会网络、个人创造力、监管部门将为利用技术提供不同的框架”。

舒德森补充道：“从古腾堡（Gutenberg）开始，印刷和广播以及每一种新媒体都是如此。你能用这项或那项新技术做什么？一部分取决于技术，一部分取决于你想用它做什么”。

当代社会虽遭受数字新闻带来的经济和政治危机，但也手握重塑它的机会。

NEWS

第Ⅳ部分　政　　治

本节重点讨论公众和学术界在对政治和数字领域所进行的分析中经常提到的三个主题：错误信息和虚假信息的兴起，以及技术在竞选活动和集体行动中所发挥的日益重要的作用。这三个问题同时受到数字技术及其应用的影响。例如，算法内容审核的开发，在一定程度上是为了应对两极分化背景下的政治虚假信息和仇恨言论；积极分子通常是为社会和政治目的开发技术工具的创新者。政治与数字化环境的交织为我们提供了一个窗口，让我们看到其四个鲜明的特征：整体性、二元性、矛盾性和不确定性。

在 2020 年的美国总统竞选中，由于新冠病毒感染疫情期间的社交距离措施，整体性这一特征显而易见：直播的大会和集会，以及社交媒体竞相争取投票权。政党、候选人和选民体验到，这场运动不是在离散的平台或设备上进行的，而是在所有可能接触到互联网的人中进行的。正如丹尼尔·克雷斯（Daniel Kreiss）所指出的，“现在竞选活动所做的一切都有潜在的技术和数据成分。”此外，数字化环境为被排除在广播媒体空间之外的候选人提供了一个舞台。瑞什·马瑞奥（Rachel Mourão）表示，雅伊尔·博索纳罗（Jair Bolsonaro）通过在线竞选和绕过传统媒体渠道赢得了 2018 年巴西总统选举。

整体性反过来又与既为社会所建构又受社会影响的数字化环

境的二元性有关。尽管选民可能会将许多国家目前存在的两极分化环境视为数字化环境的产物，但这些特征有助于虚假信息和仇恨言论的滋长，例如奖励极端观点的算法或为政治目的将用户数据商品化的平台，事实上，这些是由具有特殊利益的个人和组织规划和部署的。这就是为什么拉斯穆斯·克莱斯·尼尔森（Rasmus Kleis Nielsen）提出“政治和媒体使社会影响更加两极分化”。尽管虚假信息、竞选活动和社会活动之间存在差异，但本节各章与前几章有一条共同的线索：发展和采用数字媒体之间存在潜在的二元性，要么为了维持和深化现状（包括各种不平等），要么是为了追求解放。

因此，二元性与矛盾冲突密不可分。在第 15 章中，萨沙·科斯坦扎 - 乔克（Sasha Costanza-Chock）讲述了活动人士如何用推特的演示设计系统，即文本广播系统（TXT mob），来制作演示设计，以帮助他们在抗议活动中领先警方一步。她研究了活动人士开发的诸如数据加密和直播等其他技术，后来是如何被企业采用的，随之而来的后果是抹去了社会运动对科技史的贡献。数字化环境的冲突也很明显，不仅用于推动和解放事业，如美国的标签“黑人的命也是命”、巴西的标签“黑人的命也是命”、阿根廷的标签“一个女人也不能少”和智利的标签“强奸犯挡道”，也被用于保守和反动运动，比如白人至上主义团体。珍妮弗·厄尔（Jennifer Earl）认为，一些保守派运动“在没有数字支持的情况下可能难以发展，因为支持者持有的观点令人反感”。

尽管在 20 世纪 90 年代末和 21 世纪初出现了乌托邦式的话语，还出现了网络反乌托邦的持续哀叹，但数字化环境的不确定性意味着信息传播、竞选和行动主义的结果不是由初始条件决定的，而是取决于不可预测的自然的偶然动态。在第 13 章中，塞巴斯蒂安·瓦伦苏埃拉（Sebastián Valenzuela）提出，虚假信息的影响在各国的选举中是不一样的。他以 2017 年智利总统选举为例，当时“没有强有力的经验证据证明虚假新闻促使改变了投票选择”。这种不确定性为公民、政治家和其他民主利益相关者提供了机会。在同一章中，霍梅罗·吉尔·德·祖尼加（Homero Gil de Zúñiga）建议，为了对抗两极分化和虚假信息，公民有责任尽可能了解政治，并与不同的人讨论公共事务，他们的想法不同，以便在固有的不确定环境中最有效地采取行动。

自现代民主诞生以来，关于真假信息、竞选活动和激进主义的讨论一直是政治生活的组成部分。在数字化环境中，这些讨论被重新搬上台面，成为涉及所有人核心问题的核心：我们应该如何在网络内外共同生活。

13 错误信息与虚假信息

前一章讨论了政治领域新闻面临的挑战，其中一项挑战与数字媒体中政治错误信息的显著增长有关。这在脸书和推特等平台以及 WhatsApp 等消息应用程序中尤为普遍。自 2016 年英国脱欧投票和 2016 年美国总统大选以来，这个话题在新闻媒体上被广泛讨论。这一讨论的很大一部分或明或暗地与以下假设联系在一起：不断增加的错误信息量可能会普遍改变投票行为。但是真的如此吗?

迄今为止所做的研究还未对该问题得出一个结论性的答案。例如，美国东北大学教授大卫·拉泽（David Lazer）和他的同事们在最具声望的《科学》（*Science*）期刊上所发表的文章是到目前为止最引人注目的研究之一。该研究表明，虽然在 2016 年美国大选期间有 6% 的信息不是真实的，但是，传播却高度集中：80% 的假消息是被仅有 1% 的推特用户所看到的，并且 10% 的用户分享了该平台上的 80% 的假新闻。

然而，美国只是世界上许多遭受错误信息增多的国家之一，2016 年的总统选举也存在这种情况。这就是为什么牛津大学（University of Oxford）教授拉斯穆斯·克莱斯·尼尔森（Rasmus Kleis Nielsen）警告说："我们面临着许多非常严重的错误信息，所涉及的方面甚是广泛，从国家支持的信息运作，到国内政客为了一己之私滥用数字媒体，再到为了利益而捏造、散布虚假新闻。但这些事情的影响范围因国而异，有时我们可能高估了这些问题的波及范围，自以为人们容易受到错误信息的影响”。

各国的差异与各国政治和媒体体系的特点有关。得克萨斯大学奥斯汀分校（University of Texas at Austin）媒体参与中心（Center for Media Engagement）教授兼主任娜塔莉·约米尼·斯特劳德（Natalie Jomini Stroud）解释道：“信息的两极分化以及对信息的恐惧在理论上是相关的。如果一个社会高度两极分化，信息在不同的网络中传播，很少重叠，那么错误信息就更有可能不受控制”。

斯特劳德认为，在高度两极分化的情况下，错误信息的存在可能会加剧敌对团体之间的对抗，因为这“会激起两极分化的态度。当遇到诽谤另一方的错误信息时，我们更有可能接受它，从而可能对另一更不利”。

2016 年哥伦比亚举行的和平全民公投就出现了这种情形。萨巴纳大学（Universidad de La Sabana）教授维克托·加西亚 – 佩尔多莫（Víctor García-Perdomo）分析了“某些政治团体如何与社交媒体操纵者合作，通过简单而有力的信息操纵公民对政治的理解，唤醒选民所积压的恐惧、刻板印象、仇恨和焦虑”。这位专家警告说：“这是一种通过恐惧策略来实施的简化政治交流，是一种用表情包或短信息来高速传播虚假信息的方式，尤其是通过 WhatsApp 进行传播”。

加西亚 – 佩尔多莫以公投为例进行了说明。在公投中，反对阵营的竞选经理“公开承认他利用这些社交媒体策略加剧了选民的愤怒情绪，甚至利用虚假信息、煽动愤怒情绪。这反过来又使哥伦比亚人更容易以微弱的差距，拒绝政府与哥伦比亚革命武装力量游击队之间的和平协议”。

然而，错误信息的影响因国家和选举而异。例如，智利圣地亚

哥卡托利卡教皇大学（Pontificia Universidad Católica）教授塞巴斯蒂安·瓦伦苏埃拉（Sebastián Valenzuela）也否认了在2017年智利总统选举中，错误信息产生直接影响的可能性。“正如2016年美国大选期间一样，假新闻在社交媒体平台上铺天盖地，这是一个事实，传统媒体对此做出了重要贡献……但是，没有强有力的实证证据证明假新闻改变了投票行为。”

瓦伦苏埃拉的评估表明，即使错误信息对选举行为没有直接影响——或者无法证实其作用——但也并不意味着这类内容的传播不会产生负面的社会后果。

人们通常认为，社交媒体平台对虚假信息的传播应负有一部分责任。萨拉曼卡大学（University of Salamanca）民主研究中心主任、宾夕法尼亚州立大学（Pennsylvania State University）教授霍梅罗·吉尔·德·祖尼加（Homero Gil de Zúñiga）认为，平台总体上不会产生单向的或独特的后果，无论是正面的还是负面的。相反，“社交媒体有助于实施和加强更健康的民主，但反过来也会危机一些民主的全民期许”。

吉尔·德·祖尼加强调，社会媒体平台在政治表达领域上存在多重的和复杂的影响。“社交媒体无疑为许多公民提供了表达政治观点的渠道，否则，在现实面对面情境中，因社会和政治背景不同，公民谈论政治可能会更加不利、困难。例如，这种低成本的表达可以减少极权政府的控制。但同样，这也会加剧仇恨言论、不文明的政治讨论，或两者兼而有之，理智的论辩极其有限”。

尼尔森认为，不仅是社交媒体平台如此，其他数字技术也是如此，都以多种方式和错误信息做斗争：“社交媒体平台——更广义上说是平台公司，包括搜索引擎、视频分享网站等——有许多事情要做，包括：为广义上更可信的内容开发更多的机器可读的信号；就用户所接触到的信息来源而言，如何为用户提供更多的语境信息；针对其内容审核制度和社区标准，如何实施问责制、提高透明度以及应有的程序等”。

就记者和专业媒体而言，他们也被期望塑造错误信息。斯特劳德强调：“新闻业对民主的主要贡献是提供有关掌权者和受权力影响者的可靠信息来源。新闻业提供了一种问责掌权者的机制。然而，如果新闻业不受信任、人们不阅读其报道、其报道也不符合事实，那么就无法发挥这一作用。”

这位学者认为，“记者和媒体机构有责任将错误信息的影响降到最低。一方面，这意味着使用最新的方法来分享纠正性信息。另一方面，这意味着如果报道可能会扩大影响范围，那么就不报道错误信息”。

然而，记者也高度依赖社交媒体平台，正如苏埃拉所举的例子：“智利记者和世界上其他国家的记者一样，花很多时间连接推特来了解正在发生的事情并发表他们的意见，并使用 WhatsApp 联系新闻来源并进行报道。他们已经做出调整，把规范使用社交媒体平台作为专业工作的一部分……由于新闻周期已经加速成全天候的，独家新闻重要性也降低了，记者也深受影响”。

尼尔森指出，“新闻业可以为民主做许多不同的事情，不同的记者在工作中会有不同的抱负。但对我来说，核心目标是为人们提供相对准确的、可获取的、多样化的、相关的、及时的、独立制作的公共事务信息，因此，用沃尔特·利普曼（Walter Lippmann）的令人神往的话来说，‘让现代国家的公民看到看不见的世界’”。

公民也要为其传播、分享、讨论政治新闻负责，尤其是在两极分化的情况下。这位专家继续辩称：“不同背景下的人经常怀有迥异的目的去使用社交媒体，无论是政治还是媒体都因公民渐多的社交

讨论而对社会产生更广泛的影响”。

按照这些思路，吉尔·德·祖尼加认为，“社交媒体是一个混合信息、讨论、表达、不良信息（错误信息）等的爆炸性混合物。正是出于这个原因，我建议公民应该更加积极主动，并尝试通过专业的新闻媒体直接获取新闻”。

吉尔·德·祖尼加补充道：“人们应该尽可能深入地获取公共和政治事务的信息，并以这些信息为依据谈论诸多的政治话题。用批判的眼光、开放的思想、文明的方式去做这件事，也要和那些与你见解不同、来自不同社会阶层的人一起去做这件事。这才是最理想的”。

错误信息传播的增加已成为数字化环境下政治进程的决定性问题之一。但其后果并不明确。因为缺乏投票行为会广泛且直接影响民主生活的证据。此外，所涉问题的复杂性使任何一个特定的集体行动者的单一举动都不可能解决所有问题。所以最终，要想成功地限制虚假信息的影响规模和散布范围，就需要从平台公司到政客，从政府到公民所涉及利益的所有人通力合作。这样，他们才有机会重建新闻业。

14
选举运动

2020 年 5 月 4 日,《纽约时报》发表了一篇专栏文章，作者是大卫·阿克塞尔罗德（David Axelrod）和大卫·普劳夫（David Plouffe）；前者是前总统巴拉克·奥巴马在总统竞选期间的资深战略师，后者是 2008 年奥巴马竞选活动的经理。这篇文章的主题是乔·拜登 2020 年的竞选活动。他们认为,“对于拜登先生来说，挑战在于改变一场初选期间在使用数字媒体和最先进及时的通信技术等方面落后于许多民主党竞争对手的竞选活动。虽然电视仍然是一股强大的力量，但油管、脸书、推特、照片墙、Snapchat 和 TikTok 在新冠病毒感染疫情期间是至关重要的，因为候选人的竞选旅行和与选民的接触受到了严重限制。从很多方面来说，这些数字平台就是竞选，而不仅仅是其中重要的一部分”。

2020 年的大选可能标志着一个时代的开始，即数字技术，尤其是社交媒体，已经成为竞选活动的主要舞台。但是，这种发展的种子很久以前就埋下了，在最近几轮选举竞争中，这一程序已经相当成熟。纵观最近在美洲不同地区的几场竞选，我们可以看到竞选活动的数字化转型及其对政党、新闻媒体和公民的影响。

北卡罗来纳大学教堂山分校（University of North Carolina at

Chapel Hill）教授丹尼尔·克雷斯（Daniel Kreiss）在谈到 2018 年美国中期选举时表示：“美国已经进入了一个新的、技术密集型的政治竞选时代，这改变了选举政治的许多重要方面。首先，竞选团队所做的一切——从在家门口联系选民到在电视上播放广告——现在都有了一个潜在的技术和数据组成部分。例如，对大数据的访问意味着，竞选团队会根据自己对该联系哪些选民和该对他们说什么的了解，来构建他们与选民的联系，以增加他们在选举中获胜的机会”。

克雷斯在《原型政治：技术密集型竞选和民主数据》（*Prototype Politics: Technology-Intensive Campaigning and the Data of Democracy*）一书中认为，“当他们将数据与社交媒体平台相结合时，竞选活动可以在越来越个性化的基础上运行数字广告，从而吸引小部分选民。这些变化反过来又形成了政治方面以数据为中心进行分析的新式专业知识技能，这也意味着越来越多的竞选团队转向硅谷和商业行业去招聘员工。就技术平台而言，它们越来越多地参与到活动的数据协调以及有针对性的广告工作当中”。

密歇根州立大学（Michigan State University）教授瑞什·马瑞奥（Rachel Mourão）研究了数字技术和社交媒体的使用对新党派以及权势较弱者影响。她以 2018 年巴西总统选举作为例证。“巴西便是一个有趣的例子，法律要求竞选期间电视台为候选人提供免费播放时间。所有频道都同时播放竞选相关内容，但播放的分配时间取决于党派实力，因为播放时间与国会中各党派的人数成正比。究其实质，其实这是在惩罚新兴党派，拥有包括大型传统政党在内的党派候选人可以获得更多的播放时间。在以往的竞选中，这段播放时间也被用作政治联盟的筹码”。

然而，她指出：“有了社交媒体，候选人能够绕过这一传统媒介，因此削弱了联盟的权力。例如，当选总统博尔索纳罗

（Bolsonaro）在节目的每个单元中只有大约 8 秒的表现时间。相比之下，中间候选人杰拉尔多·阿尔克明［（Geraldo）Alckmin］在电视上播放了大约 5 分钟的时间，但最后仍然只获得不到 5% 的选票”。

巴西芬达奥·格图利奥·巴尔加斯（Fundação Getulio Vargas）基金会公共政策分析部主任马可·奥雷里奥·鲁迪格（Marco Aurelio Ruediger）和该部门的政策研究员卢卡斯·卡利（Lucas Calil）解释说，数字技术的这种作用与巴西人日常生活中各种平台的深度融合紧密相关——尤其是即时通信应用程序 WhatsApp。“大多数巴西人依靠 WhatsApp 群组访问信息并与朋友和家人互动，而竞选活动就建立了具体的群组来制作网络内容——如表情包、链接、视频、文本——使用该应用程序与选民讨论重要的主题并抨击对手……虽然没有传统的政治资源，花费的钱也更少，但是政客仍然能接触到数百万没有观看电视选举宣传的公民，这些公民不依赖传统媒体来获得有关候选人的信息和选举建议”。

墨西哥城的墨西哥国立自治大学（National Autonomous University of Mexico）教授弗莱维亚·弗莱登伯格（Flavia Freidenberg）强调了平台在选举过程中的作用：“最近的选举活动已经显示出社交媒体和信息服务（如 WhatsApp 或 Telegram）在信息传播、意义构建、党派网络及其成员协调方面的重要性”。

这位专家解释说：“平台起着关键作用，因为消息主要是来自脸书和 WhatsApp 上已知的发送者，而这些发送者之前是被认可和信任的，所以接收者对信息怀有一定的可信度。在错误信息和假新闻层出不穷的时候，社交媒体的这种可信度极具价值”。

数字媒体，尤其是社交媒体平台，可能会让诸如女性这样的在传统上代表性不足的群体的候选人获得曝光度。克雷斯解释说：“一旦女性决定竞选公职，社交媒体就会成为其强大的助力，能够吸引

潜在的支持者，吸引选民的注意，并参与筹款活动以支持她们竞选公职。社交媒体有助于为新候选人和第一次参选的候选人创造公平的竞争环境，因为它为竞选活动提供了一种职责和组织选民的便捷方式，而不需要大量的资本或机构资源”。

弗莱登伯格对墨西哥国会中女性代表的增加进行了考查，并表示赞同：“媒体和社交网络是改变女性参政形势的重要工具，这涉及女性参与政治的必要性，以及一个没有女性参与决策过程的民主所面临的问题”。此外，她补充道，当女性竞选公职时，“社交媒体也会钳制网络，当女性候选人面临政治暴力时迅速发出警报，就像墨西哥最近的一次竞选活动中所发生的那样”。

尽管如此，克雷斯坚持认为，政党在当前政治沟通的信息基础设施中发挥着重要作用。“在美国，政党现在因其提供的数据库而越来越受到候选人的重视。虽然政党发挥着许多选举职能，但是其价值日益体现在它们汇编的大量选民历史数据中，这些数据为美国的所有选举活动提供了基础。这些数据包括公民登记投票时提供的选民公开数据、拉票者和选民之间联系的历史记录、公民在所有社交媒体上的竞选活动中与政党互动的数据，以及通过供应商购买的商业数据”。

应用数字媒体成为选举进程中的关键组成部分，这也意味着立法必须迎头赶上。摩尔称，在巴西，例如巴西的《圣保罗日报》（*Folha de São Paulo*）就公布了一项调查，调查内容是企业如何资助一项当选总统博索纳罗在 WhatsApp 上的竞选活动：“这将构成未申报的竞选捐款，但事实是法律存在许多漏洞，这些法律并没有考虑到这种新的在线竞选形式。因此，博索纳罗的竞选团队持续攻击《日报》（*Folha*）的指控，称其为‘假新闻’”。这则新闻促使最高法院对一个与总统及其家人有关的“假新闻网络”展开调查。

鲁迪格和卡利补充道，透明度在平台问责过程中起着至关重要的作用。“一个重要的步骤是允许研究小组更透明地访问数据，以便在网上实时提供更好的公共辩论分析。社交媒体平台还可以对其网站和应用程序上赞助和分享的宣传实施更严格的监管，并在调研和机器人识别方面进行投资”。

弗莱登伯格将重点放在获取信息和参与信息交流中的最基本方面，并提出“城市必须保证公共空间（机构、机场和公园等）的互联网接入，并使其成为一项公共政策，以便公民能够访问互联网，而不仅仅为那些可以付费接入网络的人提供空间”。

然而克雷斯警告说，“在美国，信息的获取和互联网下的政治活动已经不再是有利无害了。相反，我们必须评估我们想要促进什么样的信息和政治活动——虚假信息和错误信息显然会腐蚀民主，而且有许多参与形式旨在让其他人噤声，尤其是在网上。平台公司有责任通过其算法的运作，推广我在上文中指出的信息，而不是他们目前推广并轻松盈利的两极分化话语”。

从瞄准关键选区到几乎实时测试信息，从提供替代通信渠道到帮助更好地将政治与日常生活联系起来，社交媒体和其他数字技术在相对较短的时间内成为竞选活动的主要场所。这不仅改变了政客和竞选团队的现状，还改变了政党、新闻媒体和广大公众的现状。正如新冠病毒大流行所证明的那样，政治成功之路必然贯穿数字化环境。

15 激进主义

女权主义艺术团体 LASTESIS 的作品《强奸犯挡道》(*Un violador en tu camino*)在世界范围内声名鹊起，部分原因是油管和社交媒体发布了 2019 年 11 月在智利瓦尔帕莱索(Valparaíso)演出的帖子。从墨西哥到德国，从土耳其到美国，数十个国家的数百万人观看并分享了这首歌，并根据不同的语境对歌词进行了翻译和改编。这种现象通过数字技术将实体和城市联系在一起：女性在标志性的地方跳舞和唱歌，而这些视频的播放量在数字平台和移动设备上成倍增长。

LASTESIS 的表演是女权主义艺术和激进主义的一个最新例子，与“一个女人都不能少”(NiUnaMenos)和“我也是”(MeToo)运动一样，将面对面交流方式和数字应用策略结合到了一起。长期以来，激进主义、抗议和示威活动都借助于通信技术和实践。在数字化环境中，这些活动将发生什么?

亚利桑那大学教授珍妮弗·厄尔(Jennifer Earl)和卡特里娜·金波特(Katrina Kimport)合著了《数字化社会变革：互联网时代的激进主义》(*Digitally Enabled Social Change: Activism in the Internet Age*)一书。她认为，关注使用数字媒体和面对面互动之间的联系是很重要的。她解释说："数字媒体已经与人们同家人、朋友的互动方式不可分割，所以传统的交流途径也越来越倡导数字化。例如，你可能和一个朋友谈论某个问题，然后收到一个来自朋友的在线参与请求，反之亦然。但是，对于那些缺乏传统参与途径的人来说，例如，他们的朋友或家人不支持参与政治，数字媒体为他们提供了一条参与途径，否则他们将无法参与。自主化的参与，或线上与线下的集体行动使激进主义成为可能"。

近年来，厄尔所谈到的数字激进主义中有很大一部分是通过社交媒体平台传播的，尤其是脸书。麻省理工学院教授萨沙·科斯坦扎－乔克（Sasha Costanza-Chock）撰写了《设计正义：采用社区主导的实践，构建我们所需要的世界》（*Design Justice*：*Community-Led Practices to Build the Worlds We Need*）一书。她认为，这既有优势也有劣势。她认为，"社交媒体平台上广泛存在的一些启示对于社区组织来说确实很重要，组织者和活动家总是设想利用公司控制的平台来接触、建设和激活他们的社区。与此同时，组织者希望能够做的很多事都是公司从未做过或未达预期的。这可能是因为这些需求太'边缘化'，无法在产品开发中被优先考虑，或者是其未能盈利。例如，任何曾在脸书上组织过活动的人都可能希望能够跟踪所有活动参与者，而无须支付平台费用，但目前这极为困难。对于脸书来说，让组织者为目标帖子付费比简单地让他们拥有并使用联系人列表更有意义"。

现有平台往往能使活动人士创建自己的工具来协调他们的行动。科斯坦扎－乔克对比了"推特起源的'官方'故事——一位才华横溢的创始人有了天才般的灵感——参与开发过程的开发人员则提出了相反的叙述。在2004年的纽约共和党全国代表大会抗议期间，一些无政府主义活动家创建了文本广播系统（TXT mob）——后来成

为推特的演示设计——作为一种工具，帮助亲和团体领先警察一步。我认为，社会技术创新总是在用户与工具开发者之间的相互作用下产生的，而不是一个自上而下的过程。尤其是社会运动，一直是媒体工具和实践创新的温床，部分原因是媒体行业倾向于忽视或歪曲运动。因此，社会运动，尤其是那些由边缘化社区领导的社会运动，往往形成强大的社区媒体实践，创造出活跃的反公众组织活动，并在必要的情况下发展媒体创新。这些创新后来被更广泛的文化产业所采用。文本广播系统和推特只是一个例子，还有很多其他的，比如从 DeepDish TV 到 Occupy 的 DIY 直播，以及从 Signal 到 WhatsApp 的信息加密。这些故事必须广泛宣扬，这样运动对科技技术史的贡献才不会被抹去”。

作为社会激进主义的一部分，数字媒体的开发和使用不仅仅是有倾向自由主义的选民特征。那些保守派人士也求助于这些媒体。根据厄尔的说法，“一些保守派运动在没有数字支持的情况下可能难以发展（例如白人至上），因为支持者的观点很令人反感。其他人的研究也表明，白人至上主义者及其团体在试图传播信息时，可能会在网上模糊自己的身份，以减少他们被他人识别以及为其白人至上主义观点与行为承担后果的可能性。最后，其他研究表明，另类右翼更广泛地包含了大量的错误信息和虚假信息，其中大部分是通过网络传播的”。

科斯坦扎－乔克意识到将数字媒体与社会行动主义联系起来的复杂政治意义，他倡导“设计正义”，这既是一个框架，也是一个“试图确保一个不断壮大的群体可以更公平地分配利益以及分担负担；公平而有意义地参与设计决策；认可以社区为基础的、土著的、流散的设计传统、知识和实践。‘设计正义网络’（Design Justice Network）于 2016 年在底特律（Detroit）的联合媒体会议上诞生，并自那时起持续增长”。她补充说：“设计正义工作与社区组织和网络化的社会运动密不可分。在某种程度上，设计正义受到了环境正义和残疾正义运动的启发：努力推动中产阶级、白人、环境和残疾权利的讨论和实践，从而认真对待种族正义的分析以及压迫和抵抗的交叉性质”。

但在数字化环境中，科技既不是激进主义的全部和也不是激进主义的最终目的。因此，卡塔尔西北大学（Northwestern University）院长马尔万·克雷迪（Marwan Kraidy）撰写了《开罗裸体博主：阿拉伯世界的创造性叛乱》（*The Naked Blogger of Cairo*：*Creative Insurgency in the Arab World*）一书。他告诫人们，不要过分夸大科技在抗议和集体行动其他方面的作用。在他对突尼斯革命的描述中，他发现推特的作用，与大众中流传的相反，其作用微乎其微。他认为，这种情形之所以出现是因为“社交媒体扩大了我所说的‘以技术为中心的顽强诱惑’的吸引力。当政治进程在一个遥远的地方展开，而这个地方对知识生产、新闻或学术都不是很重要时，情况尤其如此。距离使获取第一手信息变得困难，社交媒体可以让记者和研究人员捕捉精准的信息数据。同时，‘无知’的作用也不容小觑，由于语言以及语境的文化和政治特殊性，这种‘无知’使人们的注意力过度地放在了对科技的解读上，因为科技解读允许作者规避和掩饰政治和社会文化中的缺陷”。

相比之下，在他对抗议运动的研究中，克雷迪发现了身体作为媒介角色的持久性，以及社交媒体所获得的新颖作用，这使得不同的社会运动实现了团结和联系，否则就很难了解彼此。他认为“就主权和身体政治而言，历史上身体政治的重要性主要是象征性和代表性的，而不是物质上的”。从路易十四到当代的独裁者，甚至像唐纳德·特朗普这样的想要成为独裁者的人，身体隐喻对政治权力都

是重要的。老生常谈的是说女人的身体是战场，但如果不考虑性别神话和意象，你就无法理解法国大革命或阿拉伯起义。隐喻和伴随而来的政治象征符号很容易被转移到互联网世界。然而，能引发暴动的有异议的身体行为都是非常具体化的行动。因此，网上流传的故事、轶事、神话、漫画、对活动家和独裁者的恶作剧就显得尤为重要。我在书中说的是，身体是最基本的媒介。技术宣扬异议，但身体是不可缺少的媒介。我们需要扩展“媒体”的定义，把身体包括其中，并扩展我们对“传播”的理解，以包括不同类型的身体和具象化的实体。他补充说：“数字媒体和文化为身体及其象征意义的传播和争论提供了一个特别肥沃的土壤”。

克雷迪以“狙击眼睛”为例说明了身体作为媒介和社交媒体角色之间的联系：“我一开始认为埃及政府的‘狙击眼睛’是一种特别残忍和过分的滥用权力行为。从那以后，我们在各地都看到了这种现象，最明显的是2018年和2019年法国的‘黄马甲运动’。据估计，法国警方残忍地向数十名示威者开枪，致使数人失明。就像在埃及一样，一位名叫杰罗姆·罗德里格斯（Jérôme Rodrigues）的法国抗议者成了这场运动的活生生的象征。当我得知2019年年底同样的事情发生在智利时，我不寒而栗。埃及、法国和智利：这三个国家政治不同、位于三个不同的大陆，社会运动也不同。在所有这些案件中，警察似乎都只能用橡胶子弹瞄准眼睛，因为眼睛是人体中最容易受到橡胶子弹攻击的部位。在这些案例中，在残酷镇压以及涂鸦墙、电子屏幕可用性的启发和鞭策下，这些运动得以创新，以一种视觉方式来记录和让人们铭记损伤视力的暴力行为。在这里，我们发现了社交媒体的一个重要作用，那就是将迥然不同、分布广泛的社会运动联系起来，让它们相互学习和借鉴”。

第Ⅴ部分　创　　新

本部分重点介绍数据科学、虚拟现实和太空探索。如果说数字化环境是当代社会的制度、休闲和政治的重要组成部分，那么它也与我们构建未来生存模式的方式密不可分。我们日常生活的结构也许不可避免会成为创新的环境。数字化环境催生了一种新的探究模式，即数据科学，该科学研究和管理我们与各种技术接触所产生的大量数据。它还通过硬件和软件的结合，推动了想象以及居住另类世界方式的突破，使虚拟现实的当代应用成为可能。此外，它还为人类主导的在火星之旅中的太空探索提供了关键的通信基础——矛盾的是，这将使宇航员无法与地面网络进行实时通信。在不同的方面，受访者对这三章提出的观点也反映了数字化环境的四个显著特征。

首先，正如第16章所展示的那样，数据科学非常适合调查数字化环境的整体维度，因为它的技术可以在先前不同的媒体基础设施和人工设备上，通过和以往不同的方式跟踪总体的信息流。反过来，这又有助于整合以前分离的社会生活领域。例如，当社交媒体平台根据我们的帖子、分享和点赞提供广告时，将公共商业与私人关系结合在一起。总而言之，数据科学揭示了构成数字化环境整体的连接网络，而其技术的部署进一步有助于加强这些联系，并增强整体体验。

其次，虚拟现实是技术二元性的缩影，它在社会上构建了一个完全人工的情境，但参与者却能体验得足够真实。从这个意义上说，它建立在从印刷到电影的以前的媒体技术的基础上。过去几十年的技术发展极大地提高了虚拟现实的真实性，其应用在许多领域取得的巨大成果就是明证。这既说明了人类在创造新的社会经验方面的创造力，也说明了需要谨慎避免长期不平等的再现，转而努力实现社会变革。

再次，矛盾冲突是数字化环境动态的核心。即使在社会工程最为广泛的情况下，如美国国家航空航天局（NASA）组建的远距离空间探索小组，如第 18 章所述，矛盾冲突也是不可避免的。因此，苏珊娜·贝尔（Suzanne Bell）在那一章中认为，长期存在的积极心理特征，如同理心，对于必须在密闭空间中长期生活的团队的良好运作至关重要。为了协助这一过程，第 18 章受访的学者们讨论了一些支持同理心和相关特质而构建的数字技术，这些技术反过来又有助于高效和有效的人际交流。

最后，尽管为远程太空探索团队在开发数据科学技术、虚拟现实应用和互动工具方面部署了高水平的学术专业知识，但他们的最终命运仍不确定。对于这种不确定性，也许没有比我们的受访者之一杰里米·贝伦森（Jeremy Bailenson）分享的关于 2020 年 3 月举行的“电气与电子工程师协会虚拟现实国际会议（IEEE VR）”年会期间发生的事情更好的例证了。由于新冠病毒的流行，这次虚拟现实研究人员大型聚会的组织者决定从线下转到线上，并提供了沉浸式虚拟现实参与的选项。然而，令组织者失望的是，大多数虚拟现实专家选择在更乏味的二维平台上参加会议，如 Zoom 或 Twitch！

数字化环境也是人类智慧的源泉：它生成数据和分类数据的方法，创造体验社会生活的新模式，并支持太空探索。这些创新受到其他社会环境的制约，也受到人类能动性的塑造和修改。未来已至：利用这些创新来维持目前珍视的做法和制度是我们的责任，改变仍然产生不平等的方式和传统也是我们的责任。

16

数据科学

每天 250 万太字节，这是人类目前产生的信息量。每分钟，我们发送 3800 万条 WhatsApp 消息，在谷歌上进行 350 万次搜索，发送 1.9 亿封电子邮件。这些丰富的信息如何影响我们的日常生活？大量数据的经济、政治和社会影响是什么？这些问题对于了解我们的现状和塑造未来社会至关重要。数据科学是一门回答这些问题的学科。

为什么会有如此丰富的信息？数字技术的一个显著特征是，每次我们享用它的产品或服务时，都会留下我们自己的行为痕迹。例如，如果您正在阅读本书的电子版，那么在屏幕上的服务器会记录您是通过手机、计算机还是平板电脑访问本书，记下你花了多少时间阅读它，以及留存你在阅读之前、之后或阅读时访问的其他内容，还有其他数据。

不仅我们的行为会留下痕迹，日常生活也会越来越数字化。因此，当我们在照片墙上发布照片、在 WhatsApp 上发送表情符号、在线支付电费或在脸书上评论政治时，我们就产生了信息。当我们监测 5 千米的跑步速度、使用谷歌观看电影的放映时间或通过应用程序检查我们的银行账户余额时，我们在管理数据。而当我们在思播上听音乐、在网飞上看电视剧或在油管上重温最喜欢的体育赛事的关键时刻时，我们在消费信息。

我们生活在不断增长的海量信息中。这些信息是用来干什么的？正如宾夕法尼亚大学（University of Pennsylvania）教授桑德拉·冈萨雷斯－贝隆（Sandra González-Bailón）2018年在阿根廷媒体与社会研究中心（Center for the Study for the Media and Society in Argentina）的一次演讲中所指出的那样："数据的获取让我们能够以更清晰的方式展现所生活的世界……使我们能够改进关于事物为什么是这样的，以及它们为什么会以这种方式工作的理论"。

在本章的采访中，冈萨雷斯－贝隆说："由于信息的增加，我们可以更好地理解我们行为的后果，设计更好的干预措施，例如，制定公共政策或开发出新的技术"。不过，她补充说："大量的数据表明，一些人群在代表性方面存在差距，这给保护隐私和自决权带来了新的挑战"。

数据科学还有助于了解个人行为信息的增长。冈萨雷斯－贝隆给出了追踪自我运动的一个例子，它"包括通过使用传感器从我们的日常活动中获取数据，例如，告诉我们在一天结束时走了多少步，或我们晚上睡得好不好。许多应用程序与技术可以使存储和管理这些数据变得简单和直观，这也在调节我们的生活方式和健康方面存在不少的优势。然而，生活中的许多方面仍无法量化，但它们的重要性不容忽视"。

在民主社会中，信息对于公民的决策也至关重要，例如投票、支持某些事业以及在社会动员中表达我们的意见。马里兰大学（University of Maryland）教授埃内斯托·卡尔沃（Ernesto Calvo）与娜塔莉亚·阿鲁盖（Natalia Aruguete）共同撰写了《假新闻、恶帖和其他诱惑：社交媒体是如何运作的（向善还是向恶）》[*Fake news*,

trolls，*and other charms*：*How social media function* (*for good and evil*)]。他解释说："信息的增加确实有助于对政治的监控，提高政治透明度……随着同一事件各方描述量的增加，可以利用不同类型信息之间的不一致性来发现哪里存在违规行为。在日常生活中，我们可以通过多方渠道观察政治活动的演变结果，因而政治不再能够暗箱操作。诸如政治家财富的增加、竞选费用超过官方捐款的增加、公共就业或政府购买的产品类型的突然变化，开始出现在由不同行为者制作的不同数据库中。由于不可能控制记录这些变化的所有来源，数据不一致的现象开始出现。这也意味着，政治比以往更容易受到冲击"。

数据科学在知识经济中也发挥着关键作用。特乌卢斯大学教授塞萨尔·伊达尔戈（César Hidalgo）表示，"信息是用知识所铸造的最终产物，无论是文本产品、电影，还是汽车和冰箱等消费品"。

伊达尔戈澄清说，尽管"富人比穷人拥有更多、更好的资产，但财富不是来自资产，而是来自生产这些资产所需的知识，这些知识来自学习过程"。此外，伊达尔戈说："财富来自学习和知识的理念使我们思考团队和公司内部的文化因素，例如人们接受批评和对错误作出建设性反应的能力"。

直到几十年前，信息的收集还主要是由民族或国家来完成的，统计学最初是作为国家科学而出现的。然而，如今许多数据都掌握在私人公司手中。据卡尔沃说，"原则上，数据集中在少数几家公司的这一事实有利于监管机构的工作，他们可以要求对隐私进行更高级别的控制。但主要的问题是，信息集中在这些公司也增加了它们的市场影响力、政治影响力，促进了总体经济的不平等。在创建数据的参与者数量不断增加的情况下，控制信息的使用要困难得多，因此要在更多的隐私和更多的公平性之间做权衡就显得更加重要"。

这位政治学家补充说："许多国家都在实施隐私控制，我坚信大公司是最有能力迅速响应政府要求的公司。这些公司也是最有能力影响政策和谈判技术的公司，这些技术有助于提高隐私性，但对其收入的影响最小。这些公司的绝大部分收入来自商品和服务的营销，而不是来自我们的政治生活。因此，只要他们作为消费者有能力将我们的数据货币化，确保我们的政治数据隐私的成本就不会很高"。

此外，冈萨雷斯－贝隆提到以下事实："目前有几项关于如何以有利于公共利益的方式管理我们生成的数据的建议。例如，有一个正在巴塞罗那试点开发的项目，旨在利用城市的数字基础设施和物联网收集来的数据，为公民及其优先事项服务"。

信息的未来是什么？这对数据科学有何影响？伊达尔戈预测，不仅数据量会增加，而且"我们的计算能力"也会增加。他认为"自动化将从采矿和农业开始，然后转移到制造业和运输业。最终，工作会消失，只有职业（不变）。在那个世界里，主要的经济活动将是文化、艺术和科学新知识的发展，这使我们能够找到新的方式来充实生活"。

为了促进这种转变，伊达尔戈认为"公共政策的评判标准应该是其促进集体学习的能力。如果财富来自学习和知识，我们应该在团队和公司内部的文化方面下功夫，例如人们建设性地接受批评的能力、对错误作出建设性反应的能力，以及快速承认错误的能力"。

冈萨雷斯－贝隆对此表示赞同："我认为我们必须首先区分三个概念：数据、信息和知识。当我们处理这些数据的时候，数据会继续增加，信息也会增加。但是，在信息中创造知识的过程，需要以学者们惯用的分析及谨慎的方式方法更为谨慎地推进，这并不像公共辩论那样快速。信息的未来取决于我们是否被当下某些话题所裹挟，也取决于我们如何创造知识"。

就卡尔沃而言，他强调了信息只根据人们的信仰而不是其总体相关性来组织的风险：“在政治中，相关信息取决于我们的意识形态偏好，所以组织信息的媒体——传统媒体、博客、社交媒体——不仅必须决定哪些信息是普遍相关的，更重要的是决定哪些信息与我们有关。什么是相关的，取决于媒体机构的声誉，而与我们相关的东西则取决于我们的意识形态偏好。声誉较好的媒体会限制风险，而与我们相关的东西则会扩大风险”。最后，卡尔沃总结道：“是否知道我们最终会生活在政治风险中，将取决于声誉很高的信息组织者和符合我们意识形态信仰的信息组织者之间的博弈”。

我们几乎一直在生产、收集或者应用数据。我们不断被增长的信息所包围。我们面临的挑战是利用最相关、最多样化的数据来构建知识，不仅是为了我们每个人，也是为了我们整个社会。

17 虚拟现实

长期以来，人类一直在想象日常所居之外的其他宇宙。很多时候，这种想象一直体现在文学作品中，如科幻小说的作品。但在其他情况下，正是因为这种灵感，引发了技术发明，彻底改变了我们的交流和互动的方式，也改变了这些媒体技术所创造的体验感。

电影可以被认为是这种类型的第一个现代创新，也是当今基于头戴式显示器的虚拟现实应用的一个关键前身。斯坦福大学（Stanford University）教授杰里米·贝伦森（Jeremy Bailenson）在他的《按需体验：什么是虚拟现实、它是如何工作的以及它能做什么》（*Experience on Demand*：*What Virtual Reality Is, How It Works*，*and What It Can Do*）一书中写到了这一点：“电影专业的学生熟悉卢米（Lumière）兄弟的虚构故事以及1895年在巴黎改编上映的《列车进站》（*The Arrival of the Train at La Ciotat Station*）。据说，当投射到墙上的火车影像向他们冲来时，观众们惊恐地尖叫起来”。

贝伦森解释说，之所以出现这些效果，部分的原因是人类在特定的环境下会将“心理存在”归因于媒体化信息。“总体观点是，虚拟现实的体验在心理上是和现实世界的体验相似的——这在很多方面就像虚拟现实的‘白鲸’一样。有一段时间，每个人都在追逐它，

试图定义它，想出完美的方法来测量它，使用虚拟现实技术来测试对其他结果的影响。大约 15 年前，巴塞罗那大学（University of Barcelona）教授梅尔・斯莱特（Mel Slater）发起了一场反对这种做法的运动。他的论点是，我们知道虚拟现实会导致类似于现实世界场景的行为，因此应该关注这一点，而不是纠结于如何衡量一个难以捉摸和模糊的指标。在实验室的工作中，我们通常会把测量存在度作为一种统计协变量，以减少对数据集的干扰，即分析出那些通常不受虚拟现实影响的人，但我们已经停止了对该结构的研究”。

媒体技术的“心理存在”增加了用户的价值。该存在使媒体技术成为理解虚拟现实设备和应用的潜力和局限性的基本前提，这些设备和应用在 21 世纪日益流行。对贝伦森而言，飞行模拟器就是这些关键前提之一：“20 世纪 20 年代末研发的飞行模拟器——当时是实物的——是我认为很好的虚拟现实的缩影：它涉及运动和空间提示，是多传感器的。最重要的是，在虚拟现实中它是有理由存在的。飞行危险重重，人类在不断地犯错、反馈、再尝试中学习。因此，模拟器的价值不可估量”。

从飞行模拟器的问世到当代虚拟现实设备的商业化，这百年中经历了许多沧桑变化，而这虚拟现实设备实现了更具沉浸式体验，例如，傲库路思（Oculus）——脸书所属的公司——所提供的头盔和护目镜。那么，最显著的变化是什么？根据贝伦森的观点，“在规模上存在差异——世界上有更多的投资金额、主流公司和设备数量。但真正的区别在于，人类在历史上第一次对数字通信和物理通信有着（可以说是）同等的满意度。社交媒体已经打破了这一障碍，虚拟体验总体上已洗刷了曾经的耻辱，同时新鲜感也殆尽了”。

鉴于构建虚拟现实应用程序的机会众多，那如何商榷哪些项目值得开发呢？为了回答这个问题，贝伦森提出了“‘DICE’的框架。

把虚拟现实用在那些现实世界中，要么是危险的（如飞行模拟器），要么是不可能的（如在虚拟镜子中改变皮肤颜色来学习同理心），要么是适得其反的（如砍伐一棵树来了解人类对森林的影响），要么是昂贵的（如飞到韩国的一座山上练习滑雪）那些体验项目。我认为，使用虚拟现实技术时，至少要达到上述的一项标准，否则虚拟现实的意义就了然无趣了”。

体育实践是采用虚拟现实应用程序的成熟领域之一。贝伦森解释说:“运动训练触及了虚拟现实的所有有用之处。在现实世界中，出于安全考虑和时间限制，大学和职业运动员纯粹的训练时间少得惊人，因此让他们在场外进行额外的重复性训练是非常有价值的”。由于意识到运动训练中的这一局限性，贝伦森与德里·贝伦茨（Derek Belch）一起创建了 Strivr 公司，专门设计和提供体育和其他领域的虚拟现实应用程序。

“有时，应用程序是围绕决策制定的，例如，我们与德国国家足球队合作，教守门员如何依据排队等待点球的球员的肢体语言来判断射门方向。其他时候，应用程序更多的是有关格式塔可视化，例如，美国奥运会滑雪队为韩国冬奥会搭建了一个具体雪道的虚拟仿真场地。根据规定，各国只能在山上实地训练三天，但美国运动员在比赛前一年每天都能仿真体验这种特殊雪道。构建一个成功的虚拟现实应用程序的关键是解决现实世界中存在的问题，而不是专注于技术的酷炫及噱头”。

虚拟现实显示出巨大潜力的另一个领域是教育。康奈尔大学（Cornell University）教授安德里亚·史蒂文森·温（Andrea Stevenson Won）认为“虚拟现实在教育领域的应用极其多样。使用虚拟现实进行模拟训练——想想飞行模拟和外科手术训练——已经很成熟了。目前仍在探索利用扩展现实来学习更抽象的概念。然而，

将分离的人连接起来是虚拟课堂已然有意义的一种方式——我本学期的一节课上，由于新冠病毒感染疫情，我们不得停止面对面教学，在虚拟课堂中见面。我计划在未来的课程中继续融入这一点，许多人与我有同样的想法”。

温对教育背景的思考也对虚拟现实应用的社会维度产生了影响。最初的开发主要集中在这些应用程序的个人使用上，但由于社交媒体的成功，对探索在这些平台上交流的集体经验的兴趣增加了。

据温的观点，“虚拟现实的许多早期研究发现，虚拟现实中两个人之间的非语言规范和现实世界中的相似。然而，我们知道，人们在学习读懂和表达媒体行为方面也很灵活。这表明，随着人们不断发展文化，他们会发展出新的表达方式，就像我们在文本中看到的那样”。

就贝伦森而言，他证实：“在我们现在所处的世界，飞越地球参加会议的价值最终受到了质疑。虚拟社交的好处是创造以自然方式进行交流的虚拟交流。虚拟社交解决了视频会议固有的许多问题——眼神接触失真、视频信号延迟，以及小组讨论的空间连贯性。”但是，他注意到，这些技术可能性尚未被广泛采用：“很明显，在这次疫情中，虚拟现实还未广泛应用。在 2020 年 3 月举办的‘电气与电子工程师协会虚拟现实国际会议（IEEE VR）’（国际学术会议）中，可以选择在沉浸式虚拟现实中参加会议，可大多数人却选择了 Zoom 或 Twitch。如今的头戴式显示器虽然与五年前相比有了质的飞跃，但硬件还不足以证明其长时间使用的合理性，其佩戴时间仍然难以超过 20 分钟”。

在过去的一个世纪里，虚拟现实已经从科幻文学的作者和读者的想象变成了具体的技术创新。目前，它最成功的应用是在特定领域，如专业运动员的培训，飞行员和外科医生的教育。它们在很大程度上也是为个人使用而设计和销售的。因此，大范围的应用还是一种畅想。但考虑到数字化环境的创新速度，虚拟现实应用也可使不同背景的学生和学者平等地获得教育和信息，或通过让儿童和成人体验与各种种族、民族、性别、阶级和身体标记相关的另类现实，从而教会他们同理心，以帮助我们建立一个更公正的现实环境。

18

太空探索

一对夫妇乘飞机旅行。在整个飞行过程中，他们挨着坐，没有聊天，而是在各自的智能手机上与千里之外的联系人信息交流。这个场景是超级连接悖论的一个隐喻：在社交媒体、信息系统和网络上与“外部”保持密切联系，但却与那些我们日常生活中的“内部”中断联系从而出现“远密亲疏”的状况。虽然这种内部和外部交流间的紧张关系存在已久，但在数字化环境中，这种矛盾已经成为一种生活常态。

我们如何理解超级连接悖论的局限性和挑战？与“外部”的交流受到限制，与“内部”的交流对生存至关重要，这两点可能有助于了解数字化环境这一核心现象。也许没有比美国国家航空航天局为 2030 年的火星任务所培训的工作人员更能说明这种情况了。这些专家就宇航员的组成和通信动态向美国国家航空航天局提供建议，并开发数字技术以协助这些过程中的参与者，他们对超级连接和隔离之间的动态有着独特的见解。

南佛罗里达大学（the University of South Florida）教授史蒂夫·科兹洛夫斯基（Steve Kozlowski）解释说：“在不久的将来，一组宇航员将开始探索火星的星际任务。宇航员们将忍受近三年的隔离、封闭和极端条件。火星与地球之间的直线距离为 1.4 亿英里[1]，来回通信一次耗时 40 分钟。几乎没有隐私可言。与目前的空间任务相比，宇航员将更加自主，与朋友和家人的联系也更少”。

在这种情况下，稳定性和同理心作为任何类型交流的两种关键特征，价值变得特别重要。德保罗大学（DePaul University）教授苏珊娜·贝尔（Suzanne Bell）表示：“因为宇航员们生活和工作都在一起，不能分开，所以必须控制冲突。有时会在孤立的情况下发生特定的冲突事件，随着时间的推移，人际关系会越来越紧张。机组成员的兼容性加剧了这种紧张关系。例如，情绪不稳定的机组成员更易变，对压力事件可能反应会更大。虽然情绪稳定性——在正常的性格范围内——并不是一个预测在处于不孤立状态下的表现的重要因素，但确实容易造成团队在孤立情况下的紧张状态，破坏团队关系。当其他成员缺乏同理心时，会进一步加剧紧张气氛”。

宇航员的工作动态也有助于理解团队在非极端的情况下处理多任务的局限性。根据西北大学教授莱斯利·德赫奇（Leslie DeChurch）的观点，“全球化和数字化使人们能够做更多更多的事情，但就我在神经研究中所见，人类处理复杂社会信息的基本先天能力并没有改变。对个人注意力的要求可能会让‘常规团队’更像‘极限团队’。我期待有不同形式的退缩——不是精神上的沮丧和真正的退缩——也许在更传统的团队中，这看起来更像是‘社会隋化’，指群体完成一件事情时，个人所付出的努力比单独完成时偏少的现象。我们实验室的博士生不是也有这样的情况吗？在四年的学习中，当他们完成课程时，正是第三年，倦怠使他们无法真正投入出版物和论文中——我还有两年的时间？我才走了一半？……然后

① 1 英里约为 1.6 千米。

在第四年，当工作成为焦点时，向前冲的动力又回来了”。

与充斥着短期心态的流行文化形成对比的是，长期生存能力的价值是美国国家航空航天局宇航员的研究中出现的另一个关键特征。西北大学教授诺希尔·康瑞斯特（Noshir Contractor）问道：“你未来有多大可能与此人共事？我们都知道有这样的例子：如甲壳虫乐队这样的梦之队虽然非常成功，但却坚称未来无法合作。这无疑是长距离太空探索的一个关键挑战，因为在可能长达 36 个月的火星之旅中，没有退缩一说。在地球上，这一问题也愈发重要。当我们进入一个工作环境（例如，零工或共享经济），在选择与谁合作上我们拥有更大的自主权，我们是否具备团队工作的能力已经成为一个评判工作环境是否成功与满意的重要决定因素”。

为美国国家航空航天局提供建议的研究人员也为宇航员开发新技术做出了贡献，未来，这些技术也可能用于其他类型的通信环境。

科兹洛夫斯基和他的合作者开发了“一种可穿戴的无线设备，可以捕捉实时的、多模式的团队成员交互数据流，包括面对面的交互、动作、声音强度和心率。这些数据被实时传输到一台计算机服务器上，目前还可以通过网络分享到无线数字设备上——计算机、平板电脑、手机——进行显示。设计理念是在团队发展时评估团队动态，通过算法对个人和团队状态进行分类，并提供信息和反馈，以帮助团队成员管理他们的协作关系。在孤立的、封闭的和极端的环境中，团员完全沉浸其中，压力源源不断，因此，即使是很小的摩擦也会积累起来，进而干扰团队运作。在正确的时间向正确的团队成员提供有针对性的信息有助于保持团队效率”。

该专家认为：“该技术可能在医学、军事和其他‘高可靠性’团队环境中具有价值。即使在更日常的商业环境中，也可以利用该技术支持更高效的会议、信息共享和协作决策”。

康瑞斯特认为:“企业社交媒体的广泛使用所附带的好处之一是，整理和管理我们正在生成的数字轨迹，反馈给仪表板，从而进行宏观调控。除了描述当前网络外，这些仪表板还可以收集我们在线交互产生的数据，并将其输入计算模型来预测未来的人际关系动态”。

这位专家和他在西北大学的团队一起“创造了这个仪表板的原型版本，以帮助美国国家航空航天局预测和调解宇航员在太空任务中可能出现的潜在人际关系问题”。

为了改善我们在地球上的关系，我们可以从太空中的交流中学到什么？苏珊娜·贝尔认为,“隔离和受限的环境就像一个放大镜，可以观察任何问题。在45天的隔离中，我们不断地记录音频和视频，这样我们就可以检查改变人们思考和感受彼此方式的交流模式。我认为人们错把沉默视为一种中立的做法。在孤立状态下，如果一个人把自己从群体中分离出来，例如，在不同的地方吃午餐而不作任何解释，会被认为是疏远的、无用的或不合群的。同样，我们为每一段关系建立了隔离之外的沟通准则。我们必须在沟通中遵守这些准则。例如，当你几天内未能及时回复邮件或短信时，也应该事后回复一条短信”。

莱斯利·德赫奇（Leslie DeChurch）回忆说,“当宇航员塞丽娜·奥尼翁（Serena Auñón）从国际空间站回来时，诺希尔·康瑞斯特（Noshir Contractor）和我一同采访了她。但这不是采访的主题，她有一次不情愿地看了看自己的智能手机，说了一些类似于‘我还没准备好看到这个’的话，令我记忆犹新。‘显然，她的丈夫在生活的许多方面都是她的伴侣，帮助她应对重返家园时的问题——她并非享受与亲人远隔的感觉，但她似乎确实很享受超级连接的生活。’她的丈夫不是用智能手机和她交流，而是帮她拿装备，管理她的日

程，陪伴她度过忙碌的一天。团队需要这样的时间来建立、发展和修复关系。因为并非一切都可以数字化”。

与世隔绝、距离遥远和缺乏隐私是第一次火星任务准备工作的特征，也诠释了外太空生活的特点。它们还帮助我们理解在数字化环境中，特别是在地理流动性受限的情况下，超级连接之间联系的纽带。后者包括全球对新冠病毒感染疫情期间首先出现的居家情形。宇航员的那些特质和能力——稳定性、同理心、限制性的多任务处理、长期思考、开放的沟通以及偶尔与外界脱节的能力——对于那些被迫在居住地待上几周或几个月的家庭来说，也变得很重要。有时，本是科幻电影的素材却变成了生活中的现实。

19 数字化环境中的基石与裂痕

我们在第 1 章首先介绍了数字化环境的概念。它是社会生活中一个相对新颖的领域，有点类似于长期以来笼罩着个人生活的自然和城市环境。在那一章中，我们还讨论了数字化环境的四个决定性特征：整体性、二元性、矛盾性和不确定性。在这最后一章，我们首先回归到这四个特征——即数字化环境的基石——将第 2 章到第 18 章中考查的各方面的社会生活的动力整合联系到一起。在本书的最后，我们思考新发展可能的原理——裂痕——着眼于未来实现这些美好愿景，为未来几十年乃至更久的社会生活设想和建设一个公平、公正和包容的环境。

基石

从性别、种族和族裔到太空旅行，从育儿到政治，从约会到虚拟现实，数字化环境已经成为个人生活的中心领域。数字化环境的多样性中，有四块概念性基石，我们在本节中逐一讨论。

整体性强调人类对数字化环境的体验是全方位的，直接或间接地渗透到社会生活的方方面面。儿童第一次接触媒体通常是在产科

病房，敬畏新生命的父母或祖父母用数字技术捕捉新生儿发出的第一个声音和做出的第一个手势。正如艾伦·沃特拉（Ellen Wartella）在第6章中解释的那样，尽管有无数建议不要让孩子在两三岁之前接触电子屏幕，但许多人从很小的时候就开始接触数字化环境，用以娱乐和社交。他们的网上活动轨迹根据个人意愿看是否保留。油管儿童版（YouTube Kids）让父母知道他们的孩子每天看了多少分钟的视频，以及他们喜欢什么内容。自我跟踪应用程序会记录一个人每周跑了多少英里，以什么速度跑，在什么地方跑。人们还会在社交媒体上发布自己的行踪和活动、在网上评论酒店或餐馆、给书籍和歌曲打分，以此来分享自己的日常生活。

在第2章中，李·汉弗莱斯（Lee Humphreys）提出，这种与媒体记录的接触不仅塑造了人们的日常生活，也塑造了他们的自我意识，从而产生了“合格自我”的概念，它不仅记录了个人经历，还记录了社会关系和互动经历。有时，这些轨迹与个人的意愿相悖。在第9章中，伊兰娜·格尔森（Ilana Gershon）讨论了人们在分手后是如何查到前伴侣在社交媒体上的动态更新的，甚至查阅他们在一起时在不同平台上发布的照片和视频。这种记录并不会随着死亡而消失：脸书和照片墙可以将已故用户的账户用于纪念，这样朋友和家人就可以继续为他们所爱的人发消息和悼词。可悲的是，即使是临终遗言也可能只是媒体形式的，而无法当面听到。在新冠病毒感染疫情期间，iMessage、WhatsApp和视频电话有时是配偶、父母和孩子、兄弟姐妹和朋友之间的最后沟通渠道，因为减轻病毒传染的策略阻止了面对面的道别。

数字化环境不仅涵盖私人领域，也囊括了公共领域。正如丹尼尔·克雷斯（Daniel Kreiss）在第14章中所解释的那样，从2008年巴拉克·奥巴马（Barack Obama）在脸书上开创性的微目标定位，到最近大数据发挥了根本作用的竞选活动，竞选活动与数字越来越密不可分地联系在一起，因此政党和候选人能够根据不同的人口统计信息调整自己的竞选信息和策略。选民在社交媒体上可能会接触到合法的政治广告或故意散播的虚假信息与错误信息。在第 13 章中，维克托·加西亚 - 佩尔多莫（Víctor García-Perdomo）探讨了哥伦比亚反和平协议组织是如何在社交媒体上发布假新闻的，以说服公民投票反对政府与哥伦比亚革命武装力量游击队之间的和平解决方案。数字化环境的社会和政治维度也明显体现在公共机构和私营企业追踪信息的方式上，比如个人的教育和就业历史、财务报告和犯罪记录。这些数据有时是在未经同意的情况下收集的，可能会被用来拒绝贷款和就业机会，或加强警方的监视，这可能会给相关人员带来悲惨的后果。

矛盾的是，我们似乎只能在外层空间才能逃离这种整体性。在第 18 章中，莱斯利·德赫奇（Leslie DeChurch）讲述了一个宇航员是如何对自己手机上的信息回复和更新感到不满的。能够脱离数字化环境，至少是暂时脱离数字化环境，似乎是人类的一项关键技能。在第 7 章中，索尼娅·利文斯通（Sonia Livingstone）和杰西卡·泰勒·彼得罗夫斯基（Jessica Taylor Piotrowski）建议学校教孩子们如何自我调节他们与数字化环境的互动。

整体性的问题也指向数字化环境吸收和改造先前技术系统的能力。在第 11 章中，阿曼达·洛茨（Amanda Lotz）反思了在线视听娱乐如何结合电影、电视和数字视频的功能，包括不同的交付渠道和收入模式。与此相关的是，第 17 章讨论了当代虚拟现实技术如何建立在一个漫长的媒体视听体验的基础上。如果说电影是第一台同理性机器，那么虚拟现实可以让参与者设身处地地让他们体验不同的情境，包括不同的种族和民族、性别和能力。这些经验最终可能

有助于建设一个更加多样化、公平和包容的社会。

目前，虚拟现实不是为社会共同目标，而是为个人和商业目的而设计与营销的，这突出了数字化环境的二元性，是由社会构建的，而不是由个人所操控的。这种社会结构由先前的基础所构成，但受到个人或集体能动性的改造。

弗吉尼亚·尤班克斯（Virginia Eubanks）在第3章中评论了社会福利体系是如何建立在对穷人的设定之上的，例如设定其是懒惰的或是拒绝工作的。这些假设成为设计和实施国家援助分配技术的重要组成部分，最终导致拒绝合法申请人，再次造成贫困和不平等。在第5章中，马尔·希克斯（Mar Hicks）解释了影响决策的另一不同的设定，即在第二次世界大战结束时，英国决定雇佣男性而不是女性来完成编程任务。在技术工作中，白人男性优先于女性和少数民族，这一现象一再重现，阻碍了各种背景的女孩以及黑人和拉丁裔男孩从事编程工作，并使少数在该行业工作的少数族裔被边缘化。歧视性的招聘做法也导致了偏见在搜索结果、游戏、面部识别和算法等方面的再现。这也难怪1973年以来数码图像处理使用的标准测试照片"莱娜"（Lenna）最初是《花花公子》（*Playboy*）杂志的插页，或者就像萨菲娅·尤明加·诺布尔（Safiya Umoja Noble）在第4章中指出的那样，谷歌的搜索结果将黑人和拉丁裔女孩和性联系到一起。正如缇娜·布赫（Taina Bucher）在第3章中所反映的那样："算法总是由人类所建造和维持改造的。"

社会结构的再生产被个人和群体的创造性冲动所抵消。在第8章中，黛安·贝利（DianeBailey）和保罗·莱昂纳迪（Paul Leonardi）讨论了尽管人们期望新技术将产生统一和可预测的影响，但人类实施这些技术的方式对形成其影响至关重要。因此，尽管在数字产业中存在歧视，但是艾玛·吉恩·克里斯蒂安（Aymar Jean

Christian）在第 11 章中提出，正是因为互联网，边缘化社区的视听艺术家和创作者才能展示他们的作品，也能培养不同的受众，而这两个相关的目标在传统娱乐业中要困难得多。

事实上，正如萨沙・科斯坦扎 – 乔克（Sasha Costanza-Chock）在第 15 章中所说，“社会运动……一直是媒体工具和操作上的创新的温床，”这主要是因为主流平台的限制性特征，限制了技术解放的潜力。科斯坦扎 – 乔克既是学者又是活动家，参与了“设计正义网络”（Design Justice Network）工作，该项工作包括了设计师、艺术家、技术专家和社区组织者。通过参与该项工作，她致力于改变“所使用的规范性、种族主义和能力注意的方法……在几乎所有领域开发人工智能，”就如她在所撰写的《设计正义：采用社区主导的实践，构建我们所需要的世界》（*Design Justice: Community-Led Practices to Build the Worlds We Need*）一书中所详述的那样，致力于改变“几乎在每个领域开发人工智能所使用的规范性、种族主义和能力主义方法”。受访时，她解释说：“在某种程度上，设计正义受到了环境正义和残疾正义运动的启发：努力推动中产阶级、白人、环境和残疾权利的理论和实践，以正确分析种族正义以及压迫和抵抗的交叉性质”。

丹娜・博伊德（Danah Boyd）在第 7 章中意识到这种二元性动态如何影响数字化环境中的社会生活，建议学生们了解我们生活的社会技术世界背后的机制，例如媒体对点击和参与量的痴迷、数字广告的设计以及注意力经济的操纵方式。这与布鲁克・达菲（Brooke Duffy）呼吁数字媒体行业透明化有关。在第 5 章中，她讨论了个人在社交媒体上关注度如何投入时间、精力和金钱，尤其是在美容、时尚、生活方式和手工艺等领域，在这些领域，女性比例过高，但很少有人成名或发财。因此，她建议平台和高管应该清楚这些追求的预期回报，以及算法系统在引导观众注意力方面所起的作用。

机构和各组块之间的相互作用是与数字化环境中矛盾冲突的中心地位有关的，数字化环境是由具有特定议程和利益的个人和团体建立的，而由其他不可能总分享议程和利益的人来体验。

矛盾冲突可能是解放实践的结果，例如反对种族压迫的斗争。在第 4 章中，布鲁克·福柯·威尔斯（Brooke Foucault Welles）讨论了在她与莎拉·杰克逊（Sarah Jackson）和莫亚·贝利（Moya Bailey）的合作中，他们发现，由于社交媒体，"黑人的命也是命"运动能够表达出社区成员和抗议者的观点，这些观点后来被传统媒体放大。社交媒体上的交流为新闻报道提供了信息，而新闻报道又反过来对观众如何理解抗议活动产生了强大的影响，"包括把抗议活动定义为带来社会变革的正当和必要手段"。

但数字化环境中的冲突并不是进步事业的唯一领域：极端右翼行为者也可能会有过激的行为。在第 15 章中，珍妮弗·厄尔（Jennifer Earl）分析了网络环境是如何被另类右翼运动用来招募参与者的，甚至混淆他们的身份以传播错误信息和虚假信息来达到他们的目的。同样地，萨拉·本尼 – 韦智（Sarah Banet-Weiser）在第 5 章中讨论了在线流行女权主义的崛起是如何被同时被动发展起来的流行厌女症所反击的，厌女症认为给女性赋权会危及社会。她反思了这种流行的厌女症是如何与美国、巴西和匈牙利崛起的右翼候选人和政府联系在一起的，这些人也利用互联网在政治领域获得了支持。

冲突也可能是数字化环境的某些特征加剧了现有的不平等的产物。例如，虽然体育运动通常被描述为个人或团队之间的公平竞争，但虚拟现实工具，如杰里米·贝伦森（Jeremy Bailenson）在第 17 章中描述的——包括冬奥会前的虚拟滑雪球场和足球点球模拟器——可能会让一些运动员比他们的竞争对手更有优势。雷冯·福奇（Rayvon Fouché）在第 10 章中指出，当技术科学似乎为运动员提供了“看似不公平的优势，就很难坚持这种精英主义的理想”。来自资源丰富国家的精英运动员，如美国奥运滑雪运动员和德国国家足球队，更有可能获得这些创新，从而加剧了与来自欠发达国家竞争者的不平等。

矛盾冲突与数字化环境的第四个决定性特征有关：不确定性。媒体对数字创新在社会互动、工作和组织，以及民主和政治等领域带来的不可避免的有害后果而感到恐慌的报道比比皆是。然而，二元性和矛盾冲突的共同存在表明，随着人类对自然环境与城市环境的改造，数字化环境的现状和未来仍然具有内在的开放性。这并不意味着所有可能的途径都具有同等的可能性，但它确实意味着没有一条单一的途径是确定的。

尽管担心算法和设备会取代人类的工作，玛丽·格雷（Mary Gray）和悉达思·苏里（Siddharth Suri）还是提出了“自动化最后一英里悖论”的概念，通过这个概念，人们可以继续从事计算机无法胜任的工作，如图像标签。在第 8 章中，格雷提出，技术“迫使我们重新考虑人类对生产力的贡献到底有什么明显的价值”。人为因素的重要性与塔尔顿·吉莱斯皮（Tarleton Gillespie）在第 4 章中对适度性的分析有关：虽然创建和部署了算法来指示数字平台上潜在的违规内容，但人们仍然需要核查是否删除这些内容。正如吉莱斯皮所指出的，这项工作是由远离公司总部的低收入工人进行的，他们每天监控几个小时的图像，这种工作方式也影响着他们。因此，数字化环境的不确定性并不意味着它与结构性不平等无关——事实上，它有时会加剧结构性不平等。

桑德拉·冈萨雷斯 – 贝隆（Sandra González-Bailón）在第 16 章中对数据、信息和知识进行了区分，并提出，尽管数据和信息持续增加，但从信息中创造知识仍将取决于当下的实践。同样的虚拟

现实技术可能加剧运动员之间的不平等，但也可以让人们体验不同环境下的生活，以培养同理心。这与迈克尔·舒德森（Michael Schudson）在第 12 章讨论新闻的未来时的思考产生了共鸣：“我非常有信心的一件事是，数字世界的技术本身不会决定结果……从古腾堡以后的印刷和广播以及每一种新媒体都是如此。你能用这项或那项新技术做什么？一定程度上取决于技术。而且一定程度取决于你想用它做什么”。

裂痕

人类在数字化环境中可以做什么？他们如何才能富有想象力地参与到社会生活中来？在某种程度上来说，数字化环境的整体性意味着我们越来越难以不受到其影响：数字化环境直接或间接地对我们施加越来越多的影响。葡萄牙足球运动员克里斯蒂亚诺·罗纳尔多（Cristiano Ronaldo）是照片墙上粉丝最多的人——截至 2020 年 6 月，粉丝数量超过了 2.26 亿。尽管这个星球上的绝大多数人从未在该平台关注他，甚至根本没有使用过该平台，但人们很可能在某一年会从一个关于他帖子的新闻或一位读过、谈论过这个帖子的朋友那里得知有关他的一些帖子。因此，就像农村人受到城市法规的影响一样，甚至因为各种原因——包括缺乏兴趣或者受到结构限制——根本不接触数字媒体的人，也会越来越多地受到数字化环境机制和实践的影响。

但我们并不是数字机器中无足轻重的机械齿轮。尽管绝大多数人没有直接参与数字化环境的构建，但他们通过日常实践来维持和再现数字化环境——同样，尽管绝大多数城市居民未亲自建造自己的居所，但他们的行为和日常活动却有助于维护和改造城市环境。

当丹娜·博伊德（danah boyd）、伊藤水子（Mizuko Ito）和索尼娅·利文斯通（Sonia Livingstone）等研究人员建议培养儿童社会技术素养时，他们主张通过获取知识来改变数字领域，让学生成为数字领域的正式公民，而不仅仅是已经成型的数字化环境的消费者。

认识到这种二元性并不意味着人类对所能达到的成就抱有天真的期望。德国哲学家卡尔·马克思（Karl Marx）在《路易·波拿巴的雾月十八日》（*The Eighteenth Brumaire of Louis Bonaparte*）中写道："人类创造了自己的历史，但不是按照自己的意愿创造历史。他们不是在自我选择的情况下创造历史，而是在沿袭并传承下来的情境中创造了历史"。这些情况，无论多么难以更改，都不是一成不变的。自然和城市环境也是如此：大陆漂移、火山喷发、建筑物拆建、城市环境的重塑。

在社会生活中，有许多因素使这些环境或多或少具有可塑性，其中之一与时间的流逝有关。芝加哥大学教授约翰·帕吉特（John Padgett）和斯坦福大学教授沃尔特·鲍威尔（Walter Powell）分别在《组织与市场的出现》（*The Emergence of Organizations and Markets*）一书中提出"在短期内，行动者创造关系；从长期来看，关系创造行动者。"因此，数字化环境的相对新颖性为当代行动者改变应用程序、设备和基础设施提供的机会比几十年后的情况更大。因此，现在是我们作为行为者创造各种关系的时候了，这些关系将有助于建立一个更加多样化、公平和包容的数字化环境。

这种时间上的相对可塑性与在数字化环境的许多不同领域中建立规则和使用资源的高度矛盾冲突和争论有关，涉及了广泛的个人和群体。关键性的问题的讨论还远未解决：诸如财产权，隐私法规，劳动报酬，性别、种族、民族和阶级歧视，言论自由，垄断和政府监管等。正如安德鲁·查德威克（Andrew Chadwick）所言，在一

个具有内在复杂性、不稳定性和混乱的混合体系中，矛盾冲突是不可避免的。既有权力受到反公众的挑战，比如莎拉·杰克逊（Sarah Jackson）、莫亚·贝利（Moya Bailey）和布鲁克·福柯·威尔斯（Brooke Foucault Welles）在他们关于社交媒体平台上“黑人的命也是命”运动的研究中记录的那些人。

雪城大学（Syracuse University）教授惠特尼·菲利普斯（Whitney Phillips）和查尔斯顿学院（College of Charleston）教授瑞安·米尔纳（Ryan Milner）分别在他们的著作《你在这里：网络操纵导航指南》（*You Are Here：A Field Guide for Navigating Network Manipulation*）中倡导用生态思维来反对阴谋论和网络极端化，并认为“信息在网上传播的方式、地点和原因也会对环境造成明显的、往往是毁灭性的后果。巴西的虚假信息和亚马孙雨林的破坏之间的关系就是一个很好的例子”。由于人们可以通过个人或集体行动来减少全球变暖、清洁水源、循环和再利用，经常通过在线活动和行动主义来培养对自然环境的意识，他们也可以一起努力挑战不平等现象，并在数字化环境中付诸实践。

像以往那样屈服于数字化环境，无视冲突的建设性作用，并希望一切都会向好的方向发展，可能最终会以牺牲其他人的利益为代价，巩固一些人当前的权力地位，并复制先前存在的结构。在媒体、信息和通信技术的历史上，充满了个人、社区、公司和国家之间的争论和谈判的事例。人为因素的不可预测性和矛盾冲突的不可避免性，再加上数字化环境的相对新颖性，维持了其不确定性。正如莱昂纳德·科恩（Leonard Cohen）在他的《赞歌》（*Anthem*）中所说：

敲击那仍能敲响的钟，
忘记你那完美的供品，
万物皆有裂痕，
那是光照进来的地方。

致　谢

如果没有众人的共同努力，这本书本不会完成。

《经济日报》(*Infobae*）的出版商兼编辑丹尼尔·哈达德（Daniel Hadad）向我们开放了其新闻网站的页面，让我们有足够的自由来撰写专栏，为撰写《数字化环境——今天我们怎样生活、学习、工作和娱乐？》这本书提供了丰富的素材。

六十位杰出的同事积极配合了我们的采访，并在百忙之中抽出时间非常周到、及时地回答了我们的问题。其中四十多人还对本书最初版本中涉及他们各自的研究成果提供了反馈意见。

麻省理工学院出版社（MIT Press）编辑主任吉塔·马纳克塔拉（Gita Manaktala）热情地支持了一项不太可能的计划：将最初以西班牙语出版的十六个专栏变成一本面向英语读者的书稿。

新闻界委托的匿名评论员以及少数同事和学生：莫拉·马塔西（Mora Matassi）、艾米·罗斯·阿古达斯（Amy Ross Arguedas）、伊格纳西奥·西尔斯（Ignacio Siles）、法昆多·苏恩佐（Facundo Suenzo）和玛丽亚·塞莱斯特·瓦格纳（María Celeste Wagner）——阅读了本书的写作计划或早期的完整手稿，并给出了建设性意见。此外，艾米·罗斯·阿古达斯（Amy Ross Arguedas）精通英语和西班牙语，以及她作为记者和社会科学家的专业背景，进行了文本编辑工作，使得文章更加出彩。

我们在这本书中提出的一些想法来源于巴勃罗 2018 年 11 月在

布宜诺斯艾利斯举行的 TED xriodelapata 活动上的一次演讲。我们感谢阿里尔·默珀特（Ariel Merpert）和玛丽安娜·贾斯珀（Mariana Jasper）的多次对话，他们的谈话对本书有所启蒙。

我们的老板——美国西北大学（Northwestern University）和阿根廷圣安德烈斯大学（Universidad de San Andrés）为我们提供了知识及技术支持，让我们得以撰写这些专栏，这是一条偏离了研究型大学对教师的期望的写作道路。

同事、行业的专业人士和公众也在社交媒体和《经济日报》的评论区给了我们宝贵的反馈。

我们非常感谢编辑、同事、学生、专业人士和读者的投稿。你们的投稿是一笔宝贵的财富。当然，所有瑕疵皆为我们自己造成，与他人无关。

作者、译者简介

作者简介

巴勃罗·博奇科夫斯基（Pablo J. Boczkowski），美国西北大学传播学专业教授。

尤金妮亚·米基尔斯坦（Eugenia Mitchelstein），美国西北大学律师社会科学系教授兼系主任。

译者简介

张大勇，管理学博士，英国曼彻斯特大学创新中心访问学者，哈尔滨工业大学建筑学院副教授，哈尔滨工业大学计算传播与可视化设计研究所所长，主要从事数字媒体技术方面的研究。

李明君，文学硕士，哈尔滨工业大学外国语学院讲师，主要从事西方文明史、英国历史、美国历史、华裔美国文学、跨文化交际等方面研究，出版译著《数论史研究——第2卷，丢番图分析》（合译）。

王祥玉，文学博士，哈尔滨工业大学外国语学院副教授，主要从事翻译学、英国历史、美国历史、西方文明史和跨文化交际等方面的研究，出版译著《森林的秘密》（合译）。

延伸阅读

第 1 章

Benjamin, Ruha. *Race after Technology: Abolitionist Tools for the New Jim Code*. Malden, MA: Polity, 2019.

Benkler, Yochia, Rob Faris, and Hal Roberts. *Network Propaganda: Manipulation, Disinformation, and Radicalization in American Politics*. New York: Oxford University Press, 2018.

Berger, Peter L., and Thomas Luckmann. *The Social Construction of Reality*. New York: Anchor, 1967.

Bolter, Jay David, and Richard Grusin. *Remediation: Understanding New Media*. Cambridge, MA: MIT Press, 1999.

Bush, Vannevar. "As We May Think." *Atlantic Monthly* 176, no. 1 (1945): 101–108.

Chadwick, Andrew. *The Hybrid Media System: Power and Politics*. 2nd ed. New York: Oxford University Press, 2017.

Coleman, E. Gabriella. *Coding Freedom: The Ethics and Aesthetics of Hacking*. Princeton, NJ: Princeton University Press, 2012.

Couldry, Nick, and Andreas Hepp. *The Mediated Construction of Reality*.

Malden, MA: Polity, 2016.

Giddens, Anthony. *The Constitution of Society: Outline of the Theory of Structuration*. Berkeley: University of California Press, 1984.

Hindman, Matthew Scott. *The Internet Trap: How the Digital Economy Builds Monopolies and Undermines Democracy*. Princeton, NJ: Princeton University Press, 2018.

Noble, Safiya Umoja. *Algorithms of Oppression: How Search Engines Reinforce Racism*. New York: New York University Press, 2018.

Turner, Fred. *The Democratic Surround: Multimedia and American Liberalism from World War II to the Psychedelic Sixties*. Chicago: University of Chicago Press, 2013.

第 2 章

Couldry, Nick, and Andreas Hepp. *The Mediated Construction of Reality*. Malden, MA: Polity, 2016.

Deuze, Mark. *Media Life*. Malden, MA: Polity, 2012.

Gleick, James. *The Information: A History, a Theory, a Flood*. New York: Pantheon, 2011.

Humphreys, Lee. *The Qualified Self: Social Media and the Accounting of Everyday Life*. Cambridge, MA: MIT Press, 2018.

Livingstone, Sonia. "On the Mediation of Everything: ICA Presidential Address 2008." *Journal of Communication* 59, no. 1 (2009): 1–18.

doi:10.1111/j.1460–2466.2008.01401.x.

Meyrowitz, Joshua. *No Sense of Place: The Impact of Electronic Media on Social Behavior*. New York: Oxford University Press, 1985.

Neff, Gina, and Dawn Nafus *Self-Tracking*. Cambridge, MA: MIT Press, 2016.

第 3 章

Broussard, Meredith. *Artificial Unintelligence: How Computers Misunderstand the World*. Cambridge: MIT Press, 2018.

Bucher, Taina. *If...Then: Algorithmic Power and Politics*. New York: Oxford University Press, 2018.

Dixon-Román, Ezekiel, Ama Nyame-Mensah, and Allison R. Russell. "Algorithmic Legal Reasoning as Racializing Assemblages." *Computational Culture* 7 (2019).

http://computationalculture.net/algorithmic-legal-reasoning-as-racializing-assemblages/.

Eubanks, Virginia. *Automating Inequality: How High-Tech Tools Profile, Police, and Punish the Poor*. New York: St. Martin's Press, 2018.

Finn, Ed. *What Algorithms Want: Imagination in the Age of Computing*. Cambridge, MA: MIT Press, 2018.

Gillespie, Tarleton. *Custodians of the Internet: Platforms, Content Moderation, and the Hidden Decisions That Shape Social Media*. New Haven, CT: Yale University Press, 2018.

Introna, Lucas D., and Helen Nissenbaum. "Shaping the Web: Why the Politics of Search Engines Matters." *Information Society* 16, no. 3 (2000): 169–185. doi:10.1080/01972240050133634.

第4章

Amaya, Hector. *Trafficking: Narcoculture in Mexico and the United States*. Durham, NC: Duke University Press, 2020.

Brock Jr., André. *Distributed Blackness: African American Cybercultures*. New York: New York University Press, 2020.

Browne, Simone. *Dark Matters: On the Surveillance of Blackness*. Durham, NC: Duke University Press, 2015.

Jackson, Sarah J., Moya Bailey, and Brooke Foucault Welles. *#Hashtag Activism: Networks of Race and Gender Justice*. Cambridge, MA: MIT Press, 2020. doi:10.7551/mitpress/10858.001.000.

McIlwain, Charlton D. *Black Software: The Internet and Racial Justice, from the AfroNet to Black Lives Matter*. New York: Oxford University Press, 2020.

Noble, Safiya Umoja. *Algorithms of Oppression: How Search Engines Reinforce Racism*. New York: New York University Press, 2018.

第 5 章

Banet-Weiser, Sarah. *Empowered: Popular Feminism and Popular Misogyny*. Durham, NC: Duke University Press, 2018.

Duffy, Brooke Erin. *(Not) Getting Paid to Do What You Love: Gender, Social Media, and Aspirational Work*. New Haven, CT: Yale University Press, 2017.

Hicks, Mar. *Programmed Inequality: How Britain Discarded Women Technologists and Lost Its Edge in Computing*. Cambridge, MA: MIT Press, 2017.

Nakamura, Lisa. "Indigenous Circuits: Navajo Women and the Racialization of Early Electronics Manufacture." *American Quarterly* 66, no. 4 (2014): 919–941. http:// www.jstor.org/stable/43823177.

Oldenziel, Ruth. "Boys and Their Toys: The Fisher Body Craftsman's Guild, 1930–1968, and the Making of a Male Technical Domain." *Technology and Culture* 38, no. 1 (1997): 60–96. doi:10.2307/3106784.

Pham, Minh-Ha T. *Asians Wear Clothes on the Internet: Race, Gender, and the Work of Personal Style Blogging*. Durham, NC: Duke University Press, 2015.

Phillips, Amanda. *Gamer Trouble: Feminist Confrontations in Digital Culture*. New York: New York University Press, 2020.

Wajcman, Judy. *TechnoFeminism*. Malden, MA: Polity, 2004.

第6章

Anderson, Monica, and Jingjing Jiang. *Teens, Social Media and Technology 2018*. Washington, DC: Pew Research Center, May 31, 2018. https://www.pewresearch.org/internet/2018/05/31/teens-social-media-technology-2018/.

Buckingham, David, and Rebekah Willett, eds. *Digital Generations: Children, Young People, and the New Media*. New York: Routledge, 2013.

Carter, Michael C., Drew P. Cingel, Alexis R. Lauricella, and Ellen Wartella. "*13 Reasons Why*, Perceived Norms, and Reports of Mental Health-Related Behavior Change among Adolescent and Young Adult Viewers in Four Global Regions." *Communication Research* (2020). doi:10.1177/0093650220930462.

Claro, Magdalena, Tania Cabello, Ernesto San Martín, and Miguel Nussbaum. "Comparing Marginal Effects of Chilean Students' Economic, Social and Cultural Status on Digital Versus Reading and Mathematics Performance." *Computers and Education* 82 (2015): 1–10. doi:10.1016/j.compedu.2014.10.018.

Erstad, Ola, Rosie Flewitt, Bettina Kümmerling-Meibauer, and Íris Susana Pires Pereira, eds. *The Routledge Handbook of Digital Literacies in Early Childhood*. New York: Routledge, 2020.

Lemish, Dafna, Amy Jordan, and Vicky Rideout, eds. *Children, Adolescents, and Media: The Future of Research and Action*. New York: Routledge, 2017.

Morduchowicz, R. *Ruidos en la web: Cómo se informan los adolescentes en la era digital* [Noises on the net: How adolescents get informed in the digital age]. Buenos Aires, Argentina: Ediciones B, 2018.

UNICEF. *Children in a Digital World: The State of the World's Children in 2017*. New York: United Nations Children's Fund, 2017.

Wartella, Ellen. "Smartphones and Tablets and Kids—Oh My, oh My." In *Exploring Key Issues in Early Childhood and Technology: Evolving Perspectives and Innovative Approaches*, edited by Chip Donohue. New York: Routledge, 2019.

Wartella, Ellen, Rebekah A. Richert, and Michael B. Robb. "Babies, Television and Videos: How Did We Get Here?" *Developmental Review* 30, no. 2 (2010): 2116–2127. doi:10.1016/j.dr.2010.03.008.

Watkins, S. Craig, and Alexander Cho. *The Digital Edge: How Black and Latino Youth Navigate Digital Inequality*. New York: New York University Press, 2018.

第 7 章

boyd, dana. *It's Complicated: The Social Lives of Networked Teens*. New Haven, CT: Yale University Press, 2015.

Butler, Allison. *Majoring in Change: Young People Use Social Networking to Reflect on High School, College, and Work*. New York: Peter Lang, 2012.

Freire, Paulo. *Pedagogy of the Oppressed*. New York: Bloomsbury

Academic, 2018.

Garcia, Antero. *Good Reception: Teens, Teachers, and Mobile Media in a Los Angeles High School*. Cambridge, MA: MIT Press, 2017.

Ito, Mizuko, Sonja Baumer, Matteo Bittanti, Rachel Cody, Becky Herr Stephenson, Heather A. Horst, Patricia G. Lange, et al. *Hanging Out, Messing Around, and Geeking Out: Kids Living and Learning with New Media*. Cambridge, MA: MIT Press, 2009.

Livingstone, Sonia, and Julian Sefton-Green. *The Class: Living and Learning in the Digital Age*. New York: New York University Press, 2016.

Valkenburg, Patti M., and Jessica Taylor Piotrowski. *Plugged In: How Media Attract and Affect Youth*. New Haven, CT: Yale University Press, 2017.

第 8 章

Amrute, Sareeta Bipin. *Encoding Race, Encoding Class: Indian IT Workers in Berlin*. Durham, NC: Duke University Press, 2016.

Bailey, Diane E., and Paul M. Leonardi. *Technology Choices: Why Occupations Differ in Their Embrace of New Technology*. Cambridge, MA: MIT Press, 2015.

Gray, Mary L., and Siddharth Suri. *Ghost Work: How to Stop Silicon Valley from Building a New Global Underclass*. New York: Houghton Mifflin Harcourt, 2019.

Greenstein, Shane M. *How the Internet Became Commercial: Innovation, Privatization, and the Birth of a New Network*. Princeton, NJ: Princeton University Press, 2015.

Iansiti, Marco, and Karim R. Lakhani. *Competing in the Age of AI: Strategy and Leadership when Algorithms and Networks Run the World*. Boston: Harvard Business School Press, 2020.

Ravenelle, Alexandrea J. *Hustle and Gig: Struggling and Surviving in the Sharing Economy*. Oakland: University of California Press, 2019.

Rhue, Lauren. "Crowd-Based Markets: Technical Progress, Civil and Social Regression." In *Race in the Marketplace: Crossing Critical Boundaries*, edited by Guillaume D. Johnson, Kevin D. Thomas, Anthony Harrison, and Sonya A. Grier, 193–210. Cham, Switzerland: Palgrave Macmillan, 2019.

第 9 章

Albury, Kath, Jean Burgess, Ben Light, Kane Race, and Rowan Wilken. "Data Cultures of Mobile Dating and Hook-Up Apps: Emerging Issues for Critical Social Science Research." *Big Data and Society* 4, no. 2 (2017). doi:10.1177/2053951717720950.

Ansari, Aziz, and Eric Klinenberg. *Modern Romance*. New York: Penguin, 2015.

Ellison, Nicole B., Jeffrey T. Hancock, and Catalina L. Toma. "Profile as Promise: A Framework for Conceptualizing Veracity in Online Dating

Self-Presentations." *New Media and Society* 14, no. 1 (2012): 45–62. doi:10.1177/1461444811410395.

Ellison, Nicole, Rebecca Heino, and Jennifer Gibbs. "Managing Impressions Online: Self-Presentation Processes in the Online Dating Environment." *Journal of Computer-Mediated Communication* 11, no. 2 (2006): 415–441. doi:10.1111/j.1083-6101.2006.00020.x.

Finkel, Eli J. *The All-or-Nothing Marriage: How the Best Marriages Work*. New York: Dutton, 2017.

Finkel, Eli J., Paul W. Eastwick, Benjamin R. Karney, Harry T. Reis, and Susan Sprecher. "Online Dating: A Critical Analysis from the Perspective of Psychological Science." *Psychological Science in the Public Interest* 13, no. 1 (2012): 3–66.

Gershon, Ilana. *The Breakup 2.0: Disconnecting over New Media*. Ithaca, NY: Cornell University Press, 2010.

Weigel, Moira. *Labor of Love: The Invention of Dating*. New York: Farrar, Straus and Giroux, 2017.

第 10 章

Carrington, Ben. *Race, Sport and Politics: The Sporting Black Diaspora*. Thousand Oaks, CA: Sage, 2010.

Collins, Harry. "This Is Not a Penalty! What's Gone Wrong with Technology and Football in the Age of VAR." Working paper, School of Social Sciences, Cardiff University, Wales, UK, 2020. http://sites.

cardiff.ac.uk/harrycollins/files/2020/01/Video_Assistant_Referee_VAR__judgement_versus_measurement.pdf.

Collins, Harry, Robert Evans, and Christopher Higgins. *Bad Call: Technology's Attack on Referees and Umpires and How to Fix It*. Cambridge, MA: MIT Press, 2016.

Elsey, Brenda, and Joshua Nadel. *Futbolera: A History of Women and Sports in Latin America*. Austin: University of Texas Press, 2019.

Fouché, Rayvon. *Game Changer: The Technoscientific Revolution in Sports*. Baltimore: Johns Hopkins University Press, 2017.

Kissane, Rebecca Joyce, and Sarah Winslow. *Whose Game? Gender and Power in Fantasy Sports*. Philadelphia: Temple University Press, 2020.

Taylor, T. L. *Watch Me Play: Twitch and the Rise of Game Live Streaming*. Princeton, NJ: Princeton University Press, 2018.

Watkins, Brandi. *Sport Teams, Fans, and Twitter: The Influence of Social Media on Relationships and Branding*. Lanham, MD: Lexington Books, 2018.

第 11 章

Blake, James. *Television and the Second Screen: Interactive TV in the Age of Social Participation*. New York: Routledge, 2017.

Christian, Aymar Jean. *Open TV: Innovation beyond Hollywood and the Rise of Web Television*. New York: New York University Press, 2018.

Koblin, John. "Netflix Studied Your Binge-Watching Habit. That Didn't Take Long." *New York Times*, June 8, 2016. https://nyti.ms/1WEIQqY.

Lotz, Amanda D. *We Now Disrupt This Broadcast: How Cable Transformed Television and the Internet Revolutionized It All*. Cambridge, MA: MIT Press, 2018.

Porter, Rick. "The Long View: The Mind-Blowing Amount of Time Americans Spend Watching TV." *Hollywood Reporter*, July 13, 2019. https://www.hollywoodreporter.com/live-feed/staggering-amount-time-americans-spend-watching-tv-1224123.

Smith, Michael D., and Rahul Telang. S*treaming, Sharing, Stealing: Big Data and the Future of Entertainment*. Cambridge, MA: MIT Press, 2016.

Warner, Kristen J. *The Cultural Politics of Colorblind TV Casting*. New York: Routledge, 2015.

Wayne, Michael L. "Netflix, Amazon, and Branded Television Content in Subscription Video On-Demand Portals." *Media, Culture and Society* 40, no. 5 (2018): 725–741. doi:10.1177/0163443717736118.

第 12 章

Anderson, C. W. *Apostles of Certainty: Data Journalism and the Politics of Doubt*. New York: Oxford University Press, 2018.

Anderson, C. W. "The State(s) of Things: 20 Years of Journalism Studies and Political Communication." *Comunicazione Political* (2020): 47–62. doi:10.3270/96422.

Gilde Zúñiga, Homero, Brian Weeks, and Alberto Ardèvol-Abreu. "Effects of the News-Finds-Me Perception in Communication: Social Media Use Implications for News Seeking and Learning about Politics." *Journal of Computer-Mediated Communication* 22, no. 3 (2017): 105–123. doi:10.1111/jcc4.12185.

Lewis, Libby. *The Myth of Post-Racialism in Television News*. New York: Routledge, 2015.

Neiger, Motti, and Keren Tenenboim-Weinblatt. "Understanding Journalism through a Nuanced Deconstruction of Temporal Layers in News Narratives." *Journal of Communication* 66, no. 1 (2019): 139–160. doi:10.1111/jcom.12202.

Pickard, Victor. *Democracy without Journalism: Confronting the Misinformation Society*. New York: Oxford University Press, 2020.

Richardson, Allissa V. *Bearing Witness while Black: African Americans, Smartphones, and the New Protest #Journalism*. New York: Oxford University Press, 2020.

Schudson, Michael. *Discovering the News: A Social History of American Journalism*. New York: Basic Books, 1978.

Schudson, Michael. *Journalism: Why It Matters*. Medford, MA: Polity, 2020.

Usher, Nikki. *Interactive Journalism: Hackers, Data and Code*. Urbana: University of Illinois Press, 2016.

Wahl-Jorgensen, Karin. *Emotions, Media and Politics*. Medford, MA:

Polity, 2019.

Waisbord, Silvio. *The Communication Manifesto*. Medford, MA: Polity, 2019.

Williams Fayne, Miya. "The Great Digital Migration: Exploring What Constitutes the Black Press Online." *Journalism and Mass Communication Quarterly* 97, no. 3 (2020): 704–720. doi:10.1177/1077699020906492.

第 13 章

Cheruiyot, David, and Raul Ferrer-Conill. "'Fact-Checking Africa' : Epistemologies, Data and the Expansion of Journalistic Discourse." *Digital Journalism* 6, no. 8 (2018): 964–975. doi:10.1080/21670811.2018.1493940.

Fletcher, Richard, Alessio Cornia, and Rasmus Kleis Nielsen. "How Polarized Are Online and Offline News Audiences? A Comparative Analysis of Twelve Countries." *International Journal of Press/Politics* 25, no. 2 (2020): 169–195. doi. org: 10.1177/1940161219892768.

Freelon, Deen, and Chris Wells. "Disinformation as Political Communication." *Political Communication* 37, no. 2 (2020): 145–156. doi:10.1080/10584609.2020.1723755.

García-Perdomo, Víctor. "Entre paz y odio: Encuadres de la elección presidencial Colombiana de 2014 en Twitter" (Between peace and hate: Framing the 2014 Colombian presidential election on Twitter). *Cuadernos.info* 41 (2017): 57–70. doi:10.7764/cdi.41.1241.

Gil de Zúñiga, Homero, Nakwon Jung, and Sebastián Valenzuela. "Social Media Use for News and Individuals' Social Capital, Civic Engagement and Political Participation." *Journal of Computer-Mediated Communication* 17, no. 13 (2012): 319–336. doi:10.1111/j.1083-6101.2012.01574.x.

Grinberg, Nir, Kenneth Joseph, Lisa Friedland, Briony Swire-Thompson, and David Lazer. "Fake News on Twitter during the 2016 US Presidential Election." *Science* 366, no. 6425 (2019): 374–378. doi:10.1126/science.aau2706.

Lipmann, Walter. *Public Opinion*. New York: Harcourt, Brace, 1922.

McNair, Brian. *Fake News: Falsehood, Fabrication and Fantasy in Journalism*. New York: Routledge, 2018.

Stroud, Natalie Jomini. *Niche News: The Politics of News Choice*. New York: Oxford University Press, 2011.

Weeks, Brian E., and Homero Gil de Zúñiga. "What's Next? Six Observations for the Future of Political Misinformation Research." *American Behavioral Scientist* (2019). doi:10.1177/0002764219878236.

第 14 章

Axelrod, David, and David Plouffe. "What Joe Biden Needs to Do to Beat Trump." *New York Times*, May 4, 2020. https://nyti.ms/2SvqQlS .

Chakravartty, Paula, and Srirupa Roy. "Mr. Modi Goes to Delhi: Mediated Populism and the 2014 Indian Elections." *Television and New Media* 16,

no. 4 (2015): 311–322. doi:10.1177/1527476415573957.

Freidenberg, F ., M. Caminotti, B. Muñoz-Pogossian, and T. Došek, eds. *Mujeres en lapolítica. Experiencias nacionales y subnacionales en América Latina* (Women in politics: National and subnational experiences in Latin America). Mexico City: Instituto Electoral de la Ciudad de México, 2018. https://biblio.juridicas.unam.mx/bjv/detalle-libro/5488-mujeres-en-la-politica-experiencias-nacionales-y-subnacionales-en-america-latina.

Kreiss, Daniel. *Prototype Politics: Technology-Intensive Campaigning and the Data of Democracy*. New York: Oxford University Press, 2016.

Mourão, Rachel R., and Weiyue Chen. "Covering Protests on Twitter: The Influences on Journalists' Social Media Portrayals of Left-and Right-Leaning Demonstrations in Brazil." *International Journal of Press/ Politics* 25, no. 2 (2020): 260–280. doi:10.1177/1940161219882653.

Philpot, T asha S. "Race, Gender, and the 2016 Presidential Election." *PS: Political Science and Politics* 51, no. 4 (2018): 755–761. doi:10.1017/ S1049096518000896.

Ruediger, Marco, Rafael Martins de Souza, Amaro Grassi, Tiago Ventura, and Tatiana Ruediger. "June Journeys in Brazil: From the Networks to the Streets." Fundação Getúlio Vargas (2014). doi:10.2139/ssrn.2475983.

White, Khadijah Costley. *The Branding of Right-Wing Activism: The News Media and the Tea Party*. New York: Oxford University Press, 2018.

第 15 章

Bonilla, Yarimar, and Jonathan Rosa. "#Ferguson: Digital Protest Hashtag Ethnography and the Racial Politics of Social Media in the United States." *American Ethnologist* 42, no. 1 (2015): 4–17.

Costanza-Chock, Sasha. *Design Justice: Community-Led Practices to Build the Worlds We Need*. Cambridge, MA: MIT Press, 2020.

Earl, Jennifer, and Katrina Kimport. *Digitally Enabled Social Change: Activism in the Internet Age*. Cambridge, MA: MIT Press, 2013.

Freelon, Deen, Charlton D. McIlwain, and Meredith D. Clark. "Beyond the Hashtags: #Ferguson, #BlackLivesMatter, and the Online Struggle for Offline Justice." Center for Media and Social Impact, American University, Washington, DC, 2016.

Kraidy, Marwan M. *The Naked Blogger of Cairo: Creative Insurgency in the Arab World*. Cambridge, MA: Harvard University Press, 2016.

Maher, Thomas V., and Jennifer Earl. "Barrier or Booster? Digital Media, Social Networks, and Youth Micromobilization." *Sociological Perspectives* 62, no. 6 (2019): 865–883. doi:10.1177/0731121419867697.

第 16 章

Calvo, Ernesto, and Natalia Aruguete. *Fake news, trolls y otros encantos: Cómo funcionan (para bien y para mal) las redes sociales* [Fake news, trolls, and other charms: How social media function (for good and evil)].

Buenos Aires: Siglo XXI , 2020.

Foucault Welles, Brooke, and Sandra González-Bailón (2020). *The Oxford Handbook of Networked Communication*. New York: Oxford University Press. doi:10.1093/oxfordhb/9780190460518.001.0001.

González-Bailón, Sandra. *Decoding the Social World: Data Science and the Unintended Consequences of Communication*. Cambridge, MA: MIT Press, 2017.

Hidalgo, César. *Why Information Grows: The Evolution of Order, from Atoms to Economies*. New York: Basic Books, 2015.

O' Neil, Cathy. *Weapons of Math Destruction: How Big Data Increases Inequality and Threatens Democracy*. New York: Crown, 2016.

Salganik, Matthew J. *Bit by Bit: Social Research in the Digital Age*. Princeton, NJ: Princeton University Press, 2017.

第 17 章

Bailenson, Jeremy. *Experience on Demand: What Virtual Reality Is, How It Works, and What It Can Do*. New York: Norton, 2018.

Biocca, Frank. "The Cyborg's Dilemma: Progressive Embodiment in Virtual Environments." *Journal of Computer-Mediated Communication* 3, no. 2 (1997).doi:10.1111/j.1083-6101.1997.tb00070.x.

Lanier, Jaron. *Dawn of the New Everything: Encounters with Reality and Virtual Reality*. New York: Holt, 2017.

Lee, Kwan Min. "Presence, Explicated." *Communication Theory* 14, no. 1 (2004): 27–50. doi:10.1111/j.1468-2885.2004.tb00302.x.

Madden, Jack, Swati Pandita, Jonathon P. Schuldt, B. Kim, Andrea Stevenson Won, and Natasha Grace Holmes. "Ready Student One: Exploring the Predictors of Student Learning in Virtual Reality." *PLoS ONE* 15, no. 3 (2020): e0229788. doi:10.1371/journal.pone.0229788.

Sun, Yilu, Omar Shaikh, and Andrea Stevenson Won. "Nonverbal Synchrony in Virtual Reality." *PLoS ONE* 14, no. 9 (2019): e0221803. doi:10.1371/journal.pone.0221803.

第 18 章

Bell, Suzanne, Shanique G. Brown, Daniel Abben, and Neal Outland. "Critical Team Composition Issues for Long-Distance and Long-Duration Space Exploration: A Literature Review, an Operational Assessment, and Recommendations for Practice and Research." 2015. NASA/TM-2015-218568.

Bell, Suzanne, Shanique G. Brown, Daniel Abben, and Neal Outland. "Team Composition Issues for Future Space Exploration: A Review and Directions for Future Research." *Aerospace Medicine and Human Performance* 86, no. 6 (2015): 48–56. doi:10.3357/AMHP.4195.2015.

DeChurch, Leslie A., and Jessica R. Mesmer-Magnus. "Maintaining Shared Mental Models over Long-Duration Exploration Missions: Literature Review and Operational Assessment." 2015. NASA/TM-2015-218590.

Golden, Simon J., Chu-Hsiang Chang, and Steve W. J. Kozlowski. "Teams in Isolated, Confined, and Extreme (ICE) Environments: A Review and Integration." *Journal of Organizational Behavior* 39, no. 6 (2018): 701–715.

Kozlowski, Steve W. J. "Advancing Research on Team Process Dynamics: Theoretical, Methodological, and Measurement Considerations." *Organizational Psychology Review* 5, no. 4 (2015): 270–299. doi:10.1177/2041386614533586.

Kozlowski, Steve W. J., and Georgia T. Chao. "Unpacking Team ProcessDynamics and Emergent Phenomena: Challenges, Conceptual Advances, and Innovative Methods." *American Psychologist* 73, no. 4 (2018): 576–592. doi:10.1037/amp0000245.

Kozlowski, Steve W. J., Georgia T . Chao, Chu-Hsiang Chang, and Rosemarie Fernandez. "Using 'Big Data' to Advance the Science of Team Effectiveness." In *Big Data at Work: The Data Science Revolution and Organizational Psychology*, edited by Scott Tonidandel, Eden King, and Jose M. Cortina, 272–309. New York: Routledge Academic, 2015.

Larson, Lindsay, Harrison Wojcik, Ilya Gokhman, Leslie DeChurch, Suzanne Bell, and Noshir Contractor. "Team Performance in Space Crews: Houston, We Have a Teamwork Problem." *Acta Astronautica* 161 (2019): 108–114.doi:10.1016/j.actaastro.2019.04.052.

Plummer, Gabriel Kevin, Alexa Harris, Leslie DeChurch, Jessica Mesmer-Magnus, and Noshir Contractor. "What Will Motivate and Challenge Space Crews on the Journey to Mars?" Paper presented the annual

INGRoup Conference, Washington, DC, July 20, 2019.

Salas, Eduardo, Scott I. Tannenbaum, Steve W. J. Kozlowski, Christopher A. Miller, John E. Mathieu, and William B. Vessey. "Teams in Space Exploration: A New Frontier for the Science of Team Effectiveness." *Current Directions in Psychological Science 24*, no. 3 (2015): 200–207. doi:10.1177/0963721414566448.

Tanaka, Kyosuke, Leslie DeChurch, and Noshir Contractor. "Errors of Omission and Commission in Group Communication Networks." Unpublished manuscript.

第 19 章

Costanza-Chock, Sasha. *Design Justice: Community-Led Practices to Build the Worlds We Need*. Cambridge, MA: MIT Press, 2020.

Marx, Karl. *The Eighteenth Brumaire of Louis Bonaparte*. New York: International Publishers, 1963.

Padgett, John F., and Walter W. Powell. *The Emergence of Organizations and Markets*. Princeton, NJ: Princeton University Press, 2012.

Phillips, Whitney, and Ryan M. Milner. *You Are Here: A Field Guide for Navigating Network Manipulation*. Cambridge, MA: MIT Press, 2020. (See also Phillips, Whitney, and Ryan M. Milner. "You Are Here: A Field Guide for Navigating Polarized Speech, Conspiracy Theories, and Our Polluted Media Landscape." https://you-are-here.pubpub. org/.)